# Design Thinking

## Die agile Innovations-Strategie

Annie Kerguenne, Hedi Schaefer,
Abraham Taherivand

2. Auflage



HAUFE.

# Inhalt

# Vorwort

Noch vor einigen Jahren war Design Thinking eine kleine Nische innerhalb der vielfältigen Management-Methoden und -strategien. Heute gibt es kaum eine Innovationskonferenz, die ohne Keynote Speaker zum Thema auskommt, von den unzähligen Design-Thinking-Büchern ganz zu schweigen.

Aber was ist Design Thinking überhaupt, was macht es aus? Wenn Sie 100 Personen fragen, so erhalten Sie höchstwahrscheinlich 100 verschiedene Antworten. Wir denken, dass sich tatsächlich jeder ein eigenes Bild darüber machen sollte. Und das funktioniert nur, wenn man Design Thinking ausprobiert.

Dieser TaschenGuide bietet Ihnen alle Hintergrundinformationen und Tools, die Sie für einen Einstieg in die Design-Thinking-Praxis brauchen. Sie finden hier Prinzipien, Werkzeuge und Übungen, die von zahlreichen Praktikern getestet und optimiert worden sind. Sie können Sie auch ohne Anleitung eines Design Thinking Coaches intuitiv umsetzen. Natürlich kann und soll dieses Büchlein nicht die fundierte Ausbildung durch ein Design-Thinking-Institut oder sog. d-Schools ersetzen. Begreifen

Sie diesen TaschenGuide als einen Begleiter auf Ihrem Weg in die kreative, innovative Welt des Design Thinking.

Viel Spaß beim Lesen und Ausprobieren wünschen Ihnen

*Annie Kerguenne, Hedi Schaefer und Abraham Taherivand*

Aus Gründen der besseren Lesbarkeit wird bei Personenbezeichnungen und personenbezogenen Hauptwörtern in diesem Buch das generische Maskulinum verwendet. Entsprechende Begriffe gelten im Sinne der Gleichbehandlung grundsätzlich für alle Geschlechter. Die verkürzte Sprachform hat nur redaktionelle Gründe und beinhaltet keine Wertung.

# Was Design Thinking ist und was es kann

»Design Thinking ist wie ein Großstadt-Dschungel – du weißt nie, was sich hinter der nächsten Ecke versteckt.« Diese Definition einer erfahrenen Praktikerin bringt es auf den Punkt: Der Design-Thinking-Prozess entzieht sich den Standards üblicher Managementmethoden und -techniken.

In diesem Kapitel erfahren Sie u. a.,

- wie alles begann,
- welche Probleme Sie mit Design Thinking angehen können,
- wie man es lernen kann,
- warum für Design Thinking drei Kernprinzipien und zehn Schritte wichtig sind.

## Die drei Kernprinzipien

Um sich der Bedeutung von Design Thinking zu nähern, hilft der Begriff selbst zunächst nur bedingt weiter. Design Thinking hat nämlich in erster Linie nichts mit Denken und Theoretisieren zu tun. Und es geht dabei auch nicht um Design in der landläufigen Bedeutung als Aussehen oder Stil eines Objektes. Das Gegenteil ist vielmehr der Fall: Design Thinking fokussiert das Tun und die schnelle Verwandlung von abstrakten Konzepten in anfassbare Artefakte. Es geht auch nicht um das »Verpacken« einer bereits vorhandenen Idee. Auch hier ist wieder das Gegenteil der Fall: Design Thinking schafft die Voraussetzungen, damit Menschen erfolgreiche Ideen auf Basis relevanter Nutzerbedürfnisse entwickeln können.

Design Thinking ist also nicht Dekorieren und Theoretisieren, sondern Neu-Erfinden und Machen. Es geht nicht um das äußere Design eines Objektes. Es dreht sich alles um die Gestaltung von kreativen Freiräumen für die gemeinsame Entwicklung von nutzerzentrierten Lösungen.

Die drei historisch gewachsenen Kernprinzipien des Design Thinking sind

1. Nutzerzentriertheit
2. Multiperspektivität
3. Lernend nach vorne gehen

# Wie alles begann

Ein Blick auf die historische Entwicklung hilft, die wachsende Bedeutung von Design Thinking zu verstehen. Denn die Kernprinzipien sind keine neue Erfindung, sondern haben ihre Wurzeln in den wichtigsten Innovationen des letzten Jahrhunderts. Bereits in den 1920er-Jahren wurde im Design-, Kunst- und Architekturbereich der Leitsatz »Form follows Function« populär. Das Credo kann heute als Vorstufe zum Design-Thinking-Prinzip der Nutzerzentriertheit interpretiert werden. Nicht mehr das ästhetische Regelwerk der Epoche, sondern die Funktion eines Gebrauchsgegenstandes für den Nutzer stand im Vordergrund der innovativen Produkte und Architekturkonzepte.

## Kernprinzip Nr. 1: Nutzerzentriertheit

Die Nutzerzentriertheit ist auch heute der Startpunkt, wenn Sie im Sinne des Design Thinking an die Lösung einer Fragestellung gehen möchten: Sie beschäftigen sich nicht etwa zuerst mit der technischen Machbarkeit oder dem wirtschaftlichen Aspekt eines Themas, sondern beginnen Ihre Arbeit bei der Exploration des Nutzerbedürfnisses.

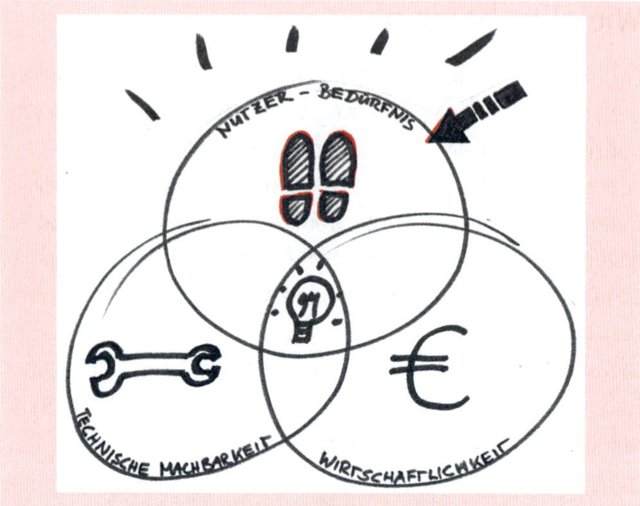


*Erst Nutzerbedürfnis, dann technische Machbarkeit und Wirtschaftlichkeit*

## Kernprinzip Nr. 2: Multiperspektivität

»Mulitdisziplinarität anstelle von isoliertem Spezialistentum!« So lautete die revolutionäre Forderung der ersten Design-Thinking-Pioniere in den 1970er und 1980er Jahren an der Stanford Universität in Kalifornien und in der Innovationsagentur IDEO. Der Gedanke dahinter war und ist logisch und klingt heute fast banal: Eine Innovation ist umso erfolgreicher, je besser sie die verschiedenen Bedürfnis- und Problemfacetten der Nutzer berücksichtigt. Und erst die Kombination der unterschiedlichen

Expertisen und Perspektiven der Innovatoren bringt tragfähige Lösungen hervor.

Design Thinking ist heute nicht nur eine strukturierte Methode, um erfolgreiche Innovationen zu produzieren, sondern auch eine grundsätzliche Haltung, um komplexe Probleme aus allen Bereichen strukturiert und strategisch zu bearbeiten. Produkte, Prozesse, Services und Businessmodelle werden mithilfe von Design Thinking neu gestaltet.

*Mulitdisziplinarität schafft 360°-Perspektive*

Globalisierung, Digitalisierung und die Notwendigkeit, schneller, innovativer, flexibler und effizienter zu sein als je zuvor, stellen Unternehmen vor zunehmende Herausforderungen.

## Kernprinzip Nr. 3: Lernend nach vorne gehen

Das dritte Design-Thinking-Kernprinzip fußt auf der aus der Informatik stammenden iterativen Vorgehensweise: Lernend nach vorne gehen. Unternehmen, die ihr Evolutionspotenzial freisetzen und eine Kultur des Lernens verankern möchten, finden in diesem Prinzip eine gute Leitlinie: Frühes und häufiges Scheitern wird nicht mehr als Fehlverhalten, sondern als wichtigste Regel von kostensparenden Innovationsprozessen bewertet. In Situationen, die von Volatilität, Unsicherheit, Komplexität und Ambiguität geprägt sind, hilft diese iterative Vorgehensweise dabei, handlungsfähig und erfolgreich zu sein.

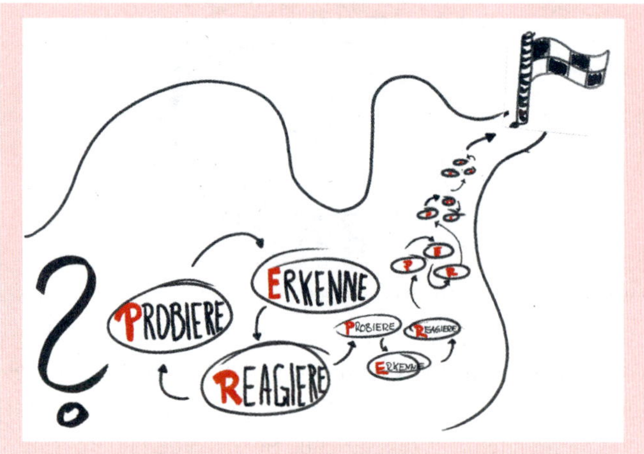


*Lernend nach vorne gehen*

# Methode – Haltung – Kultur: wie man Design Thinking lernt

»Design Thinking ist wie zum ersten Mal Vater zu werden. Man weiß erst, was es bedeutet, wenn man es erlebt«, stellte kürzlich einer unserer Seminarteilnehmer, ein Abteilungsleiter aus der Automobilbranche, fest.

Methodisches Wissen ist, wie so oft, auch beim Design Thinking wichtig. Es bildet eine Handlungsrichtlinie. Die Fertigkeit es anzuwenden, wächst jedoch erst mit zunehmender Praxis.

1. Wir lernen zunächst, die Werkzeuge des Design Thinking als Methode zu nutzen.
2. Über die praktische Anwendung entwickelt sich – wie z.B. auch beim Kochen – nach und nach das Verständnis der Prinzipien hinter den Werkzeugen. Ist das Prinzip erst einmal verstanden, fällt es leicht, die Instrumente und Prozesse des Design Thinking für die Anwendungsfelder im eigenen Kontext zu adaptieren. So entsteht nach und nach ein neuer Blick auf Probleme und ihre Lösungsoptionen.
3. Die Haltung, sich komplexen Problemen jedweder Natur zu nähern, indem man sich gemeinsam und nutzerorientiert lernend nach vorne bewegt, lässt eine neue Kultur entstehen. Der Mensch und seine angeborene Fähigkeit sich zu entwickeln werden in das Zentrum der Organisation gestellt. So lassen sich Veränderungsprozesse als natürliche Evolution steuern, die die Anpassung an eine immer schneller und komplexer werdende Welt möglich macht.

*Methode – Haltung – Kultur*

»Wie lange braucht man, um Design Thinking zu lernen und sicher anwenden zu können?« Diese Frage gehört zu den häufigsten Fragen, die wir in unseren Trainings gestellt bekommen. Erfahrene Praktiker berichten, dass sie nach ca. 100 Stunden Training und Anwendung die ersten Ergebnisse produzieren konnten, deren Qualität in einem positiven Verhältnis zum Aufwand stand. Nach ca. zwei Wochen Design Thinking Training kann es bereits sein, dass Sie feststellen: »Oh, hier ist etwas Neues entstanden, das nützlich ist und das ich mit meiner herkömmlichen Herangehensweise nicht gefunden hätte.«

Im Grunde ist Design Thinking ein Handwerk. So wie ein Lehrling drei Jahre lernt, bis er sich zur Meisterprüfung anmelden kann, so sollten echte Experten des Design Thinking entsprechende Praxiszeiten nachweisen können. Als Indikator für die Entwicklung von Anwendungssicherheit können die folgenden Erfahrungswerte dienen.

| Design-Thinking-Anwender | | |
|---|---|---|
| Pionier | Der Aufwand, Design Thinking anzuwenden, steht in einem positiven Verhältnis zum Wert des Ergebnisses. | Ca. 100 Praxisstunden = ca. 2 Wochen Training |
| Experte | Die Anwendung fällt leicht und wird immer flexibler, geschieht aber noch nicht automatisch. | Ca. 4.800 Praxisstunden = ca. 3 Jahre Praxiserfahrung |
| Master | Design Thinking entwickelt sich zum Prinzip und wird intuitiv und selbstverständlich angewendet. | Ca. 10.000 Praxisstunden = gut 6 Jahre Praxiserfahrung |

# Komplexe Probleme lösen mit Design Thinking

Design Thinking ist ein Werkzeugkasten, der unzählige Tools für die Lösung komplexer Probleme enthält. Mehr und mehr Anwender sehen daher auch einen ganz konkreten Nutzen in den drei Design-Thinking-Kernprinzipien für ihre täglich komplexer werdenden Herausforderungen.

1. Das Prinzip »Multiperspektivität« sorgt für eine ganzheitliche, differenzierte Sicht und vermeidet Betriebsblindheit.
2. Das Prinzip »Nutzerzentriertheit« definiert einen sinnvollen und logischen Startpunkt für Problemdefinition und Lösungssuche.
3. Das Prinzip »Lernend nach vorne gehen« entspricht der sog. PER-Strategie »Probieren – Erkennen – Reagieren«, die laut Erkenntnissen aus der Komplexitätsforschung genau die richtige Strategie in komplexen Situationen ist, um deren Faktoren Rechnung zu tragen.

**Faktoren komplexer Situationen**

- Viele ungleichförmige Elemente und Teilsysteme, die sich gegenseitig beeinflussen
- Beziehungen zwischen den Elementen sind dynamisch
- Kausalitäten sind nicht vorhersagbar; sie können nur rückblickend erkannt werden

## Das Rückgrat im Design Thinking: ein Prozess in zehn Schritten

Es haben sich im Design Thinking seit den 1970er Jahren bis heute verschiedene Prozessdarstellungen mit einer unterschiedlichen Anzahl von Phasen und Gestaltungsformen entwickelt. Allen gemeinsam ist

1. die Fokussierung auf den Nutzer als Inspiration für die Entwicklung von Lösungsoptionen,
2. das Testen von Prototypen sowie
3. das Prinzip der Iteration, um sich lernend auf die richtige Lösung hinzubewegen.

Neuere Darstellungen des sog. Complete Design Thinking (siehe hierzu näher das Kapitel »Wie die Implementierung gelingt« und das Glossar) beziehen immer auch die Dimensionen des Teamaufbaus und der Lösungsimplementierung mit ein. Der Ansatz des Complete Design Thinking liegt den Ausführungen dieses Buches zugrunde.

Die Stärke des Design-Thinking-Prozesses liegt in der klaren Abgrenzung der verschiedenen Phasen in Bezug auf ihre Funktionen und Denkmodi. Er dient als Strukturierungswerkzeug. Analyse und Kreativität, Exploration und Synthese erfolgen nie gleichzeitig, sondern immer in klar festgelegten Zeitabschnitten. So kann sich das Gehirn mit seiner ganzen Kapazität auf einen Denkmodus konzentrieren: entweder auf das divergente Denken – hier wird möglichst breit in Optionen gedacht – oder auf das konvergente Denken – hier werden die Möglichkeiten bewertet und konzentriert. Die disziplinierte Befolgung dieser Denkmodi ist der Grund dafür, dass ein erfahrener Design Thinking Coach guten Gewissens das Versprechen machen kann: »Trust the process« (Vertraue dem Prozess) – am Ende entsteht immer ein Ergebnis.

Der Prozess des Design Thinking folgt den drei Kernprinzipien, die wiederum jeder für sich in Schritten vollzogen werden.

| Die zehn Schritte im Überblick | |
|---|---|
| Multiperspektivität | 1. Die Möglichkeit entdecken und starten |
| | 2. Das Ziel formulieren |
| | 3. Die Regeln aufstellen |
| Nutzerzentriertheit | 4. Herausforderung verstehen |
| | 5. Empathie aufbauen |
| | 6. Nutzerstandpunkt definieren |
| Lernend nach vorne gehen | 7. Ideen entwickeln |
| | 8. Prototypen umsetzen |
| | 9. Testen und Iterieren |
| | 10. Die Wertschöpfung planen |

## Tool für alle Schritte: der Time Timer

Einer der wichtigsten Helfer im Design Thinking ist der visuelle Zeitmesser, der sog. Time Timer, und das nicht ohne Grund: Wenn wir vor jeder Arbeitseinheit selbst im Vorfeld genau definieren, wie viel Zeit wir in sie investieren wollen, dann ist effizientes Arbeiten leichter. Wenn wir darüber hinaus den Verbrauch unserer wichtigsten Ressource »Zeit« visuell in Echtzeit überprüfen können, hilft das der Disziplinierung. Es wird weniger Zeit mit Diskussionen verschwendet, nicht so lange darüber nachgedacht, ob die Idee nun gut oder schwach ist. Man fokussiert sich auf das wesentliche Ergebnisziel der jeweiligen Phase.

Ursprünglich erfunden, um Kindern den Begriff der Zeit nahezubringen, ist der Time Timer eine rückwärts laufende Uhr. Nicht die Uhrzeit, sondern die verbleibende Zeitressource wird angezeigt. Man stellt ihn z. B. auf 15 Minuten Brainstorming ein und jedes Teammitglied sieht, wie die Zeitressource im Verlauf der Übung abnimmt. Ein Time Timer ist meistens das erste Werkzeug, das Design-Thinking-Praktiker in ihr Arbeitsumfeld integrieren. So ist vor allem in Meetings der zeitsparende Nutzwert für alle Beteiligten oft vom ersten Einsatz an erlebbar.

*Time Timer*

# Das Prinzip »Multiperspektivität«

In diesem Kapitel lernen Sie das erste Kernprinzip des Design Thinking kennen: das Prinzip der Multiperspektivität. Hier dreht sich alles darum, wie man vom Silodenken zu einer 360°-Perspektive gelangt. Dabei helfen folgende Design-Thinking-Schritte:

1. Die Möglichkeit entdecken und starten
2. Das Ziel formulieren
3. Die Regeln aufstellen

## Vom Silodenken zur 360°-Perspektive

In der Schule lernen wir vor allem eines: Die Einzelleistung wird belohnt, nicht das Arbeiten im Team. Im Studium und Job wird diese Haltung weiter gefestigt. So ist es klar, dass wir kein gutes Gefühl dabei haben, uns Hilfe zu holen, wenn eine Fragestellung zu komplex für uns allein ist. Buzzwörter wie »Schwarmintelligenz« oder »Unternehmensgehirn« sind zwar schon seit längerem auf der Agenda der Entscheider in großen Unternehmen. Wie man aber im Arbeitsalltag konkret kollektive Intelligenz freisetzt und organisiert, ist eine der schwierigsten Managementaufgaben.

Dabei klingt die Sache eigentlich logisch: Je komplexer ein Problem, desto wichtiger ist es, sich einen möglichst vollständigen 360°-Überblick zu verschaffen. Das gelingt umso besser, je mehr Augen auf die Herausforderung schauen und je mehr Experten ihr Wissen in das Gesamtbild einbringen. Und genau hier kommt die Multiperspektivität ins Spiel. Sie anzuwenden bedeutet, eine Haltung einzunehmen, die grundsätzlich unterschiedliche Sichtweisen auf ein Thema willkommen heißt, anstatt diese abzuwehren. Dies überwindet Betriebsblindheit und Silodenken.

Multiperspektivität ist eine große Stärke des Arbeitens im Design-Thinking-Modus – und zugleich auch die größte Herausforderung. Je mehr Menschen an einer Fragestellung arbeiten, desto größer ist das Diskussions- und Konfliktpotenzial.

Der Design-Thinking-Werkzeugkasten bietet wirksame Instrumente, um einem Team zu helfen, sich selbst zu organisieren und auch über einen längeren Zeitraum in seiner Arbeit an einem Strang zu ziehen.

## Schritt 1: Die Möglichkeit entdecken und starten

Sobald wir uns auf unseren Bildungsweg machen, lernen wir in Lösungen zu denken. Wir haben verinnerlicht, dass derjenige am besten abschneidet, der am schnellsten die einzig richtige Lösung zu einer Aufgabe produziert. In komplexen Fragestellungen gibt es jedoch in der Regel nicht die einzig wahre Lösung, die von vornherein definiert ist. Wo fängt man aber an, wenn man nicht genau weiß, wo das Ziel ist?

**BEISPIEL**

Wie soll man eine verlässliche Ergebnisplanung machen, wenn es um Fragen geht wie »Erhöhung der Unabhängigkeit von Menschen im Alter« oder »Verbesserung des Austauschs zwischen Patienten und Ärzten« oder »Optimierung der Meetingkultur im Unternehmen«? Dies sind alles komplexe Fragen mit offenem Ergebnis.

Der Design Thinker beginnt immer mit den folgenden einfachen Fragestellungen.

| Fragestellung | To-do |
|---|---|
| Was ist das Problem- bzw. Möglichkeitsfeld und welche Hürden habe ich bei der Bearbeitung zu erwarten? Was messen wir, um die Qualität der Lösung zu beurteilen? | Einen Projektplan visualisieren |
| Wer bildet das Team? Wer kann bei den identifizierten Hürden helfen? Und wer ist schlichtweg verfügbar und hat ein Interesse daran mitzuarbeiten? | Das Team aufstellen |
| Wo wollen wir als Team arbeiten? | Einen Kreativraum schaffen |

## Ricardos Brause – der Schritt 1

Das Fallbeispiel »Ricardos Brause«, das Sie hier kennenlernen, ist angelehnt an ein Design-Thinking-Projekt, das 2012 gestartet ist. Das reale Produkt heißt Guaraná Brause und wird von der MOONSHOTS GmbH produziert, die uns freundlicherweise die Nutzung der nachfolgenden Inhalte erlaubt. Mittlerweile ist aus dem kleinen Start-up ein Unternehmen mit wachsendem Produktsortiment, mehreren Marken und verschiedenen Services in unterschiedlichen Marktsegmenten geworden. »Ricardos Brause« wird Sie in diesem TaschenGuide begleiten, um das Design-Thinking-Vorgehen zu veranschaulichen.

### Die Möglichkeit entdecken

Im August 2012 trafen sich Ricardo, Martin und Hannes zum Campus Hackathon auf dem Tempelhofer Feld in Berlin – einem der vielen Events, die Technik-Festival, LAN-Party, Hackathon und Konferenz in einem sind. Der Informatik-Ingenieur, der Betriebswirtschaftler und der Sozialwissenschaftler wollten netzwerken, sich inspirieren lassen und einfach schauen, wie sich die Tech-Szene weiterentwickelt. »Unglaublich, was hier an Club-Mate getrunken wird. Was haben die Leute bloß früher in sich hineingeschüttet, um wach zu bleiben?« Ricardo fiel gleich auf, wie das Getränk das Konferenzbild dominierte. »Das Problem ist nur: Wenn du zu viel von einer Sache trinkst, wird es irgendwie langweilig. Ja, und schau dir den ganzen Müll an, die ganzen Flaschen und To-go-Becher.« Auch Hannes und Martin fanden das Thema spannend. Eigentlich müsste es doch irgendetwas geben, das sich von dem Mate-to-go-Coke Einerlei abhebt ... womit die Idee geboren war, selbst etwas zu erfinden.

### ... und starten

Klar war von Beginn an eines: Alle drei Freunde hatten ihre Jobs und waren ausgelastet – als Softwareentwickler, als Doktorand und als Lehrer. Die drei waren zwar voller Enthusiasmus für ihr Projekt, hatten aber wenig Zeit für die Projektarbeit. »Lasst uns planen, was wir entscheiden können« – das Problemfeld und die Herangehensweise waren klar. Ricardo sagte: »Wir haben keine Zeit und kein Geld für lange Experimente. Lasst uns schnell was bauen, was wir auf den Markt werfen, schauen, wie die Nutzer reagieren, und super-schnell iterieren – das Lean-Start-up-Prinzip.« Ricardos Vorschlag fanden seine Freunde gut. »Okay, aber nicht ohne Nutzer-Recherche. Lass uns nicht irgendetwas bauen, sondern erst mal sehen, was die Jungs und Mädels hier so machen, wenn es um das Wachsein geht.« Das war die sozialwissenschaftliche Perspektive von Hannes, die den Menschen ins Zentrum rückt. »Ja, und es muss auch finanziell Sinn machen, sonst hab ich persönlich, ehrlich gesagt, nicht so viel Antrieb« – das war die Sicht von Martin, dem Betriebswirtschaftler. Damit hatten die drei Freunde alle Wertebereiche einer erfolgreichen Innovation abgebildet:

1. Nutzerwert,
2. technologischer Umsetzungswert und
3. wirtschaftlicher Wert.

Sie einigten sich: Der Design-Thinking-Prozess sollte das Rückgrat ihres visuellen Projektplans bilden, der folgende Fragen beantwortete:

- Was wollen wir wann erreicht haben?
- Wann treffen wir uns?
- Wer macht was zu welchem Zeitpunkt?
- Mit welchen Problemen und Fragen müssen wir rechnen?
- Wer kann uns dabei helfen, die Probleme zu lösen und die Fragen zu beantworten?

- Der Plan fixierte das Möglichkeits- bzw. Problemfeld, alle zehn Design-Thinking-Schritte und die wichtigsten zu erwartenden Hürden:
- Wer steht für die Nutzerforschung zur Verfügung?
- Wen brauchen wir bei der Ideenumsetzung?
- Wer kann uns rechtlich beraten?
- Wer kennt sich in der Hacker-Szene gut aus?
- Wie und wo testen wir das Ganze?
- Wann und wie treffen wir Entscheidungen?
- Und: wie wollen wir die Qualität unserer Projektentwicklung messen?

Ricardo und seine Freunde legten die Kennzahlen für ihr Projekt fest:

1. Investierte Arbeitszeiten: 10 bis 20 % ihrer Zeit, also die Wochenenden.
2. »Return on Investment (ROI)«-Zeitpunkt: 12 Monate nach dem ersten Prototyp sollte dieser erreicht sein.
3. Alle weiteren Ziele wurden von Etappe zu Etappe durch das Team definiert und kontinuierlich evaluiert. Als wichtigsten Key Performance Indicator formulierte das Team den »Spaßfaktor«.

Was jetzt noch fehlte, war der Raum, in dem die Projektarbeit stattfinden konnte. »Wo sind wir am liebsten?«, und »Was ist wichtig für die Außenwirkung?« waren als die Kernkritierien für den Raum definiert. Die Lösung für die Außendarstellung wurde zurückgestellt: »Keine unnötigen Kosten verursachen, bevor es nicht etwas Konkretes gibt«, war die Devise. Die Recherche und das Testen des optimalen Arbeitsplatzes ergaben nach einigen Versuchen: eine Alt-Berliner Kneipe, ein Co-Working Space und die Dachterrasse des Sportclubs von Ricardo, außerdem die privaten Wohnungen der drei, ein Biergarten an der Spree sowie die Uni-Mensa und drei Büros von befreundeten Start-ups, die temporär nicht belegt waren.

Das Projekt konnte losgehen.

## Tool für Schritt 1: Kreativraum schaffen

Der Design Thinker betrachtet Räume als Kreativinstrument und passt sie seinen Bedürfnissen an. Der Kreativraum hat eine klare Funktion. Er soll die konzentrierte Aktivität, den Austausch und die visuelle Kommunikation im Team unterstützen. Fast alle Räume, die – eventuell auch nur zeitweise – verfügbar sind, haben das Potenzial zum Design-Thinking-Raum. Große Wand- und Tischflächen oder Fenster können leicht zum Visualisieren der Arbeitsergebnisse genutzt werden. Stühle, die die Bewegungsfreiheit einschränken, sind schnell vor die Tür gestellt und

Bistrotische aus der Caféteria werden zu Arbeitstischen, die ein aktives Arbeiten erleichtern. Drei Arbeitsmodi sollten idealerweise im Kreativraum unterstützt werden:

1. Brainstorming im Team,
2. Austausch von individuellen Arbeitsergebnissen und
3. die Produktion von einfachen Prototypen, um Ideen anfassbar zu machen.

Welchen Einfluss physische Räume auf die Innovationsstärke von Teams haben, gehört seit Jahren zu den Studienschwerpunkten des Design-Thinking-Forschungsteams am Hasso-Plattner-Institut in Potsdam. Die wichtigsten Erkenntnisse: Die Innovationskraft von Teams wird durch das Arbeiten in Räumen, die nicht den üblichen Unternehmensstandards entsprechen, gefördert. Räume, die mit flexiblem Mobiliar ausgestattet sind, fördern Interaktion und Beweglichkeit. Zudem trägt die Möglichkeit zur Visualisierung des Arbeitsflusses zu einem effizienten und innovativen Arbeiten bei. Die Ausstattung mit Materialien, die schnelles Prototyping von Ideen ermöglichen, beschleunigt die Teamarbeit und die Entscheidungen. Ein wichtiger Faktor ist es zudem, wenn der Raum an die Arbeitsmodi und die jeweiligen Bedürfnisse angepasst werden kann (siehe näher zum Thema auch: Marie Klooker, Claudia Nicolai, Stephan Matzdorf, Lillith Böttcher, On Creating Workspaces for a Team of Teams: Learnings from a Case Study Design Thinking Research 2016).

| Tool: Kreativraum | |
|---|---|
| Was es ist | Ein Inspirationswerkzeug für den ersten Schritt im Design Thinking |
| Wobei es hilft | Vorhandene Örtlichkeiten in kreative Arbeitsräume zu verwandeln, ohne großen Aufwand und hohe Kosten |
| Anwendungsschritte | 1. Platz schaffen: Einrichtungsgegenstände inklusive Stühle und Tische, die nicht als Materialunterlage (siehe unten) genutzt werden, entfernen.<br>2. Aktivität unterstützen: Nach Möglichkeit erhöhte Steh- und Sitzgelegenheiten, wie z. B. Bistrotische und Barhocker, beschaffen.<br>3. Arbeitsfläche kreieren: Metaplanwände und Whiteboards aufhängen bzw. Bilder und störende Objekte entfernen und die Wandfläche mit Packpapier auskleiden.<br>4. Materialbehältnis füllen: Ein transportierbares Behältnis mit Time Timer (siehe hierzu das Kapitel »Tool für alle Schritte: der Time Timer«), Din-A4- und -A3-Papier und Bastelmaterial bestücken. Pro Teammitglied außerdem mit folgender Grundausstattung versehen: ein bunter, rechteckiger Post-it-Block (12 cm breit), ein schwarzer und ein bunter Filzstift. |
| Tipps und Tricks | ▪ Ein idealer Kreativraum hat viele Fenster und eine inspirierende Atmosphäre.<br>▪ Musik und gesunde Verpflegung unterstützen eine motivierte Grundhaltung.<br>▪ Möbel auf Rollen ermöglichen eine flexible Anpassung der Räumlichkeiten. |
| Zeit und Ressourcen | Max. 60 Min. |

*Kreativraum schaffen*

## Tool für Schritt 1: Projektplan visualisieren

Wie beim Kochen eines großen Menüs lassen sich auch komplexe Aufgaben und Projekte auf ihre Zutaten und Zubereitungsschritte herunterbrechen. Das Rezept immer im Blick kommt auch der Kochanfänger sicher zum Ergebnis. Gleiches leistet bei komplexen Projekten ein großformatiger Projektplan. Er ist für die Darstellung der unterschiedlichen Ebenen der Projektarbeit sehr hilfreich. Das Problem- bzw. Möglichkeitsfeld, die Design-Thinking-Schritte, die zu erwartenden Hürden und die Zielmessung (nicht die Lösung!) sind dabei die wichtigsten Elemente.

Eine wichtige Funktion des visuellen Projektplans: Die Entscheider und das Team können sich schnell einen Überblick darüber verschaffen, wo das Projekt gerade steht und wann die wichtigen Meilensteine sowie das Endergebnis geplant sind. Veränderungen und Ergebnisse werden im Projektverlauf integriert. Das gibt allen Sicherheit und Orientierung, auch wenn das Ergebnis offen bleiben muss.

| Tool: Visueller Projektplan | |
|---|---|
| Was es ist | Ein Planungswerkzeug für den ersten Schritt im Design Thinking |
| Wobei es hilft | Gibt einen visuellen Überblick über den zeitlichen Ablauf, zeigt Hürden in der Abwicklung auf und legt ein messbares Ziel fest. |
| Anwendungsschritte | **1.** Vorbereitung: Visualisierung (siehe unten) auf Din-A3-Blatt übertragen.<br>**2.** Meilensteine festlegen: Maximal fünf Meilensteine und jeweils einen konkreten Zeitpunkt definieren, wann dieser erreicht werden soll.<br>**3.** Hürden formulieren: Meilensteine einzeln hinterfragen: Gibt es Hürden in der Bewältigung? (Beispiel: Für die Verwandlung des Arbeitsplatzes in einen Kreativraum wird das Einverständnis des Vorgesetzten benötigt.)<br>**4.** Projekterfolg messbar machen: Ein bis drei Kennzahlen (KPI) festlegen. (Beispiele: Die Bewerbungen für ausgeschriebene Stellen steigen um 100 % aufgrund der Veröffentlichung des Design-Thinking-Ansatzes außerhalb des Unternehmens. Die Nutzerzufriedenheit steigt um 50 % aufgrund der erarbeiteten Innovationen.) |
| Tipps und Tricks | Den visuellen Wegweiser immer sichtbar zur Verfügung haben und gegebenenfalls anpassen. |
| Zeit und Ressourcen | Für die Anwendungsschritte 1) 5 Min., 2) 10 Min., 3) 15 Min., 4) 10 Min.<br>Gesamt: 40 Min.<br>Din-A3-Papier, Stifte, Time Timer |

Immer wieder bei komplexen Projekten stellt sich die eine Frage: »Wie kann ich meinen Chef davon überzeugen, dass die Lösung für das Unternehmen vorteilhaft ist, wenn das Ergebnis noch offen bleiben muss?« Design-Thinking-Praktiker haben hier eine hilfreiche Antwort entwickelt: Definieren Sie vor Beginn der Arbeit, woran die Qualität des Ergebnisses im Unternehmenssinne gemessen werden soll: Erhöht sich die Zufriedenheitsrate der Meetingteilnehmer? Wird der Unternehmenswert »Serviceorientierung« von den Kunden besser bewertet? Wird die Zeit für Abstimmungen zwischen Abteilungen kürzer?

Die meisten Management-Entscheidungen – speziell die im Budget-Bereich – werden auf der Basis von messbaren Ergebniserwartungen gefällt. Aber nicht alles, was messbar ist, kann auch in eine sinnvolle Beziehung gebracht werden, um zu einer kausalen Metrik zu werden. Und nicht jede Metrik, also Maßeinheit, ist in jedem Unternehmenskontext relevant. Für die Definition der Key Performance Indikatoren Ihres Design-Thinking-Projektes müssen Sie nicht mit absoluten Zahlen operieren. Überzeugendere Key Performance Indikatoren sind Anteile oder prozentuale Entwicklungen. Definieren Sie Ihre eigenen und integrieren Sie diese in den Projektplan.

Konzentrieren Sie sich auf maximal drei KPI, die Sie z. B. aus den eher »weichen« Kennzahlen Ihres Unternehmens ableiten: Mitarbeiterzufriedenheit, Talentakquise oder Kundentreue.

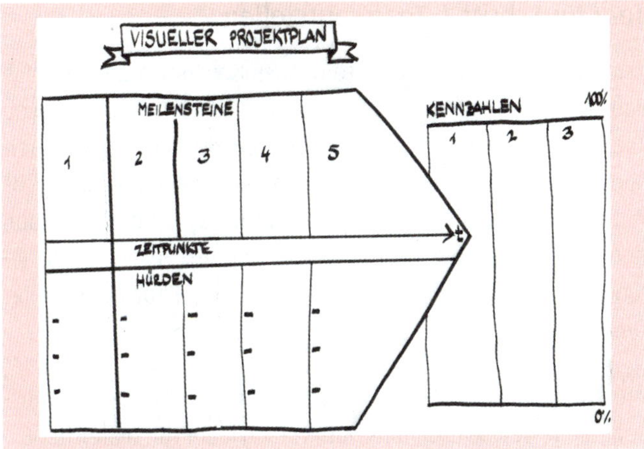


*Visueller Projektplan*

## Tool für Schritt 1: Team aufstellen

»Eine Flasche Champagner zum Anstoßen pro Team« – diese Faustregel definiert die ideale Größe eines Design Thinking Teams. Bei weniger als drei Teammitgliedern leiden Multiperspektivität und Ressourcenverfügbarkeit. Bei mehr als sechs Akteuren im Team wird der Aufwand für Synchronisation und Kommunikation größer, so dass die Effizienz leidet. Diese Erfahrungen konnten die d-schools Stanford und Potsdam in ihrer Design-Thinking-Arbeit sammeln.

»Team« heißt jedoch nicht, dass alle immer mitarbeiten müssen. Die jeweils wünschenswerten Mitglieder mit hilfreicher Expertise lassen sich aus den Hürden ableiten, die im Projektplan definiert wurden.

**BEISPIEL**

Ist das Problem- bzw. Möglichkeitsfeld »unsere Meetingkultur« und sind die Hürden die »festgelegten Ablaufprozesse«, so macht es Sinn, die Chef-Assistentin mit ins Team einzuladen. Ihre Expertise wird helfen, schnell das richtige Problem zu definieren und die Umsetzbarkeit der Lösung zu gewährleisten – selbst wenn sie nur in bestimmten Phasen, etwa bei der Ideenentwicklung und bei der Implementierung, dabei sein kann.

Das wichtigste Kriterium bei der Teamaufstellung ist neben Multiperspektivität und problem- bzw. möglichkeitsfeldbezogenem Expertenwissen die Verfügbarkeit. Wer kann zumindest einen Teil seiner Zeit investieren? Wer lässt sich für Design Thinking begeistern und arbeitet freiwillig mit?

| Tool: Teamaufstellung | |
|---|---|
| Was es ist | Ein weiterführendes Planungswerkzeug für den ersten Schritt im Design Thinking |
| Wobei es hilft | Macht verfügbare Ressourcen bewusst und hilft, Entscheidungen über Personen, die als direkte und indirekte Teammitglieder zu involvieren sind, zu treffen. |
| Anwendungsschritte | **1.** Vorbereitung: Visualisierung (siehe unten) auf Din-A4-Blatt übertragen.<br>**2.** Personen: Zunächst diejenigen auflisten, die im *visuellen Projektplan* als essentiell für den Projekterfolg identifiziert wurden (Beispiel: Vorgesetzter). Die Liste mit Wunschkandidaten und ohnehin verfügbaren Kräften auffüllen.<br>**3.** Kompetenzen: Die jeweiligen beruflichen Kompetenzen ableiten (z. B. HR oder Sales).<br>**4.** Kategorisieren: Verfügbarkeiten jedes Einzelnen hinterfragen und entweder als dauerhaftes (d) oder punktuelles (p) Teammitglied markieren. Ein dauerhaftes Teammitglied ist in alle Schritte des Prozesses involviert, ein punktuelles wird regelmäßig zum Feedbackgeben eingeladen bzw. in Schritte involviert, bei denen Multiperspektivität eine Grundvoraussetzung ist (z. B. in Schritt 9 »Ideen entwickeln«). |
| Tipps und Tricks | ▪ Wenn das Projekt alleine durchgeführt wird, sollten mindestens zwei Personen als punktuelle Teammitglieder rekrutiert werden. Insgesamt sollte das Team nicht mehr als fünf Mitglieder haben.<br>▪ Sollten sich Kompetenzen, wie z. B. Sales oder HR, doppeln, kann ein Vertreter der Kompetenz ausgewählt werden. |
| Zeit und Ressourcen | Für Anwendungsschritte 1) 5 Min., 2) und 3) 10 Min., 4) 5 Min.<br>Gesamt: 20 Min.<br>Din-A4-Papier, Stifte, Time Timer |

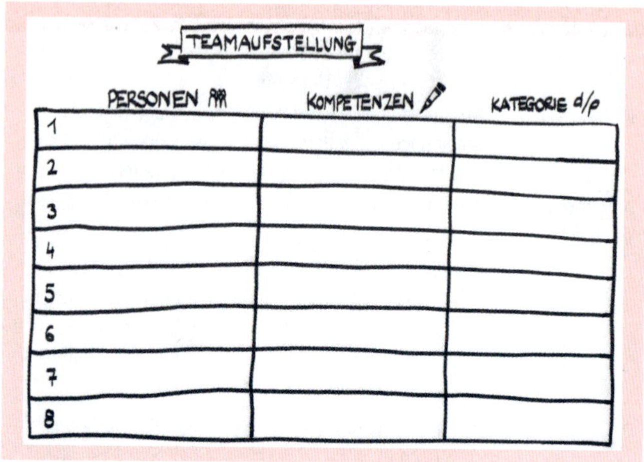


*Teamaufstellung*

## Schritt 2: Das Ziel formulieren

Je diffuser eine Aufgabe ist, desto größer ist unser Gefühl von Unsicherheit. Und desto stärker ist unser Antrieb, in fertigen Lösungen zu denken. Wir sind darauf konditioniert, nach sog. Best Cases zu suchen, die wir kopieren können, oder mit möglichst viel Expertenwissen zu der einen kausal-logischen Lösung kommen zu wollen. Die Natur komplexer Probleme folgt jedoch nicht simplen »Wenn A, dann B«- Gesetzmäßigkeiten. Sie entspricht eher der Vorhersagbarkeit des Wetters.

Für Design-Thinking-Praktiker besteht die schwierigste Disziplinierung zu Beginn eines Projektes darin, nicht in Lösungen zu denken. Was aber sorgt für den nötigen Antrieb, wenn das Endergebnis noch nicht klar ist? Der Design Thinker nutzt als Motor für ein Projekt die Antriebsquelle mit der stärksten Zugkraft: die intrinsische Motivation. Sie entschlüsselt sich durch die Antwort auf die Frage: »Warum will ich persönlich Energie in diese Arbeit stecken?« Ist es mehr Spaß im Job? Will ich dazu lernen oder etwas Nachhaltiges bewirken? Will ich unser Unternehmen zu einem Ort machen, an dem Offenheit und Transparenz herrschen?

> Nicht nur die faktisch messbaren Ziele, sondern besonders die emotionalen Ziele der Teammitglieder und ihre gemeinsame Vorstellung von der Zielerreichung werden für den nötigen Wind in den Segeln des Schiffs sorgen, das zur Entdeckung neuer Welten aufbricht.

## Ricardos Brause – der Schritt 2

Zum Start trafen sich die drei Freunde in ihrer Lieblingskneipe, um auf den Anfang anzustoßen. Und um sich über ihre individuellen Ziele, Motivationen und Arbeitsvorlieben auszutauschen. De facto war jeder von ihnen sicher, die 10 bis 20 % seiner Zeit für das Projekt »WACH« investieren zu können. Sie kannten sich alle drei von der Uni. Aber wo genau die unterschiedlichen Stärken und Schwächen jedes einzelnen lagen und was genau jeden antrieb, das musste noch identifiziert werden. Aus vorangegangenen Projekten wusste Ricardo: funktioniert das Team, funktioniert das Projekt. Es geht nie ausschließlich nur um die Idee – die Idee kann sogar schwach sein. Wenn das Team stark ist, kann sich auch eine schwache Idee zum Star entwickeln.

Sie starteten mit dem Design-Thinking-Werkzeug Expeditionsschiff: Wo würden sie sich gegenseitig an Bord einsetzen? Da

Ricardos größte Stärke von allen klar im Erkennen von Chancen gesehen wurde, kam er in den Ausblick. Martin wurde Chef der Antriebsmotoren – er würde mit seinen Planungen und Budgetkontrollen dem Projekt die formelle Energie geben. Und Hannes bekam den Job in der Schiffsküche – für die regelmäßige Versorgung mit Inspiration aus der Nutzerwelt.

Sie überlegten: »Wo geht die Reise hin? Wieso stecken wir überhaupt unsere Zeit und unsere Energie in das Projekt WACH?« Für Hannes war es »Spaß unter uns Freunden«, für Martin »etwas Neues erfinden, das anders und cool ist« und Ricardos Motivation war: »Lasst uns was machen, was die Leute wirklich bewegt«. Sie nannten ihr Schiff »Daring« – Wagemut. »Als Team stehen wir zusammen und haben Spaß daran, Ungewöhnliches zu wagen und unseren Mut unter Beweis zu stellen.« Das war der Leitsatz, den sie künftig befolgen wollten.

Um im Alltag dafür zu sorgen, dass sie ihrem Schiff und seinem Namen »Daring« auch wirklich alle Ehre machten, beschlossen sie, drei einfache Rituale in ihre Teamarbeit zu integrieren:

1. Einmal pro Woche würden sie sich in der Alt-Berliner Kneipe treffen und dort am »Barrel of Decisions«, einem der dort aufgestellten Fasstische, gemeinsam das Erreichte rekapitulieren, das Gelernte reflektieren, über die nächsten Schritte entscheiden und dies gebührend feiern.
2. Mit einem Daring-Pokal würde das Team jeden Monat den Mut zum Fehlermachen auszeichnen – und gemeinsam das Gelernte reflektieren.

3. Sie tauften eine leere Getränkedose »Spaß-Schwein«, das für jeden projektbezogenen Lacher mit 5 Euro gefüttert werden würde, um damit die Rechnungen in der Alt-Berliner Kneipe zu bezahlen.

## Tool für Schritt 2: Expeditions-Fragebogen für persönliche Ziele

Wer Design Thinking anwendet, betrachtet jeden Mitstreiter als Teil der Kraft, die das gesamte Team nach vorne zieht und es mutig und erfolgreich machen wird. Deshalb ist es essentiell, zu Beginn der Teamarbeit die Stärken und emotionalen Ziele jedes Individuums zu kennen. Die erste konkrete Umsetzung des Design-Thinking-Prinzips der Nutzerzentrierung fängt also bereits in der Teambildungsphase an und ist eine gute Übung für die spätere Nutzerforschung.

Im vorstrukturierten Interview erforschen die Teammitglieder ihre Ziele und ihre gegenseitigen Stärken – inklusive der unterschiedlichen Arten zu arbeiten.

**BEISPIEL**

Wenn ich weiß, dass mein Kollege morgens seine besten Ideen hat und nachmittags lieber Gedanken sortiert und analysiert, kann dies produktiv in die Arbeitsplanung und in die Verteilung der einzelnen Rollen einfließen.

Gibt es ein Team, analysieren sich die Teammitglieder nicht selbst, sondern sie nutzen den Blickwinkel eines anderen Teammitglieds, das im Gespräch vielleicht Eigenschaften und Charakterzüge an uns entdeckt, die für uns selbst gar nicht so klar sind. Der wichtigste Punkt in jedem Interview ist: Was treibt meinen Interviewpartner an?

| Tool: Expeditions-Fragebogen | |
|---|---|
| Was es ist | Ein Kennenlernwerkzeug für den zweiten Schritt im Design Thinking |
| Wobei es hilft | Reflektiert jenseits der faktischen Ebene individuelle emotionale Ziele und den persönlichen Wert für das Projekt. |
| Anwendungsschritte | **1.** Vorbereitung: Visualisierung (siehe unten) auf Din-A4-Blätter übertragen und jedem Teammitglied ein Exemplar aushändigen.<br>**2.** Fragen beantworten: Jeder formuliert für sich drei Ziele (Beispiele: Spaß haben, Neues lernen) und fünf Stärken (Beispiele: gut zeichnen können, Humor haben).<br>**3.** Das Wichtigste markieren: Abschließend ein oberstes Ziel und zwei Stärken, die auf dieses Ziel einzahlen, auswählen und unterstreichen. |
| Tipps und Tricks | ▪ Um die Interaktion zwischen den Teammitgliedern zu fördern und die Intensität der Übung zu erhöhen, kann man Paare bilden, die sich gegenseitig interviewen. Der Interviewer nimmt dann die Markierung (Nr. 3) aus Außensicht vor.<br>▪ Achten Sie darauf, dass es auf persönliche, nicht auf berufliche Ziele und Stärken ankommt. |
| Zeit und Ressourcen | Für Anwendungsschritt 1) 4 Min., für 2) 5 Min. (Eigenreflexion) bzw. 2 × 5 Min. = 10 Min. (Paar-Interview), 3) 1 Min.<br>Gesamt: 10 bis 15 Min.<br>Din-A4-Papier, Stifte, Time Timer |

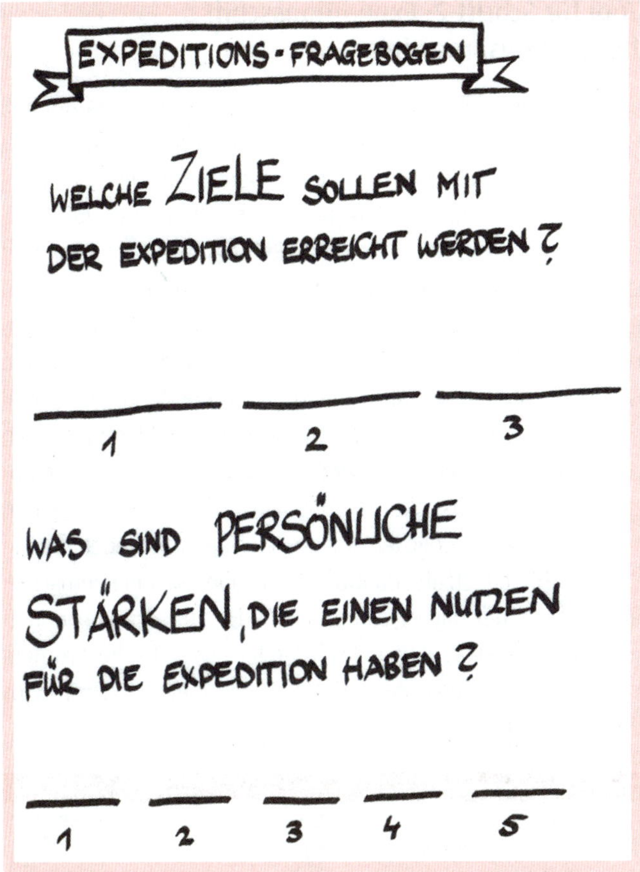


*Expeditions-Fragebogen*

## Tool für Schritt 2: Expeditionsschiff für gemeinsame Ziele

Design-Thinking-Praktiker verfügen über einen inneren Antrieb, Dinge zu verwirklichen, und über einen grundlegenden Optimismus, der ihnen hilft, auch bei schwerem Gegenwind ihr Ziel weiterzuverfolgen. Das heißt nicht, dass alle immer gute Laune haben und die Arbeit permanent Spass macht. Je konkreter das Team aber formuliert hat, was jenseits der faktischen Projektzielsetzung die gemeinsame »Herzensangelegenheit« ist, desto mehr werden Durchhaltevermögen und das gegenseitige Mutmachen gestärkt. Auch wenn es während der Arbeit mal stürmischer zugeht: Man spricht darüber, macht reinen Tisch und setzt dann wieder die Segel zur Weiterfahrt. Starke Analogien helfen, ein abstraktes emotionales Ziel greifbar zu machen und die unterschiedlichen Rollen der Teammitglieder für die Zielerreichung festzulegen. Ob es sich dabei um ein Raumschiff, einen Treck, der nach Westen fährt, oder um eine Dschungelexpedition handelt, kann jedes Team für sich selbst bestimmen. Wichtig ist allein, dass das gewählte Bild für alle einen emotionalen Anker bietet.

| Tool: Expeditionsschiff | |
|---|---|
| Was es ist | Ein Visualisierungswerkzeug für den zweiten Schritt im Design Thinking |
| Wobei es hilft | Legt ein gemeinsames, emotionales Ziel fest und visualisiert die Teamstärken. |

| Tool: Expeditionsschiff | |
|---|---|
| Anwendungs-schritte | **1.** Vorbereitung: Visualisierung (siehe unten) auf Din-A3-Blatt übertragen.<br>**2.** An Bord gehen: Jedes Teammitglied erläutert seine im Expeditions-Fragebogen markierten zwei Stärken. Das Team entscheidet, welche Positionen auf dem Schiff jeweils dazu passen. Die Positionen werden näher definiert: 1) Anker (stabilisierend), 2) Motor (energetisierend), 3) Ausguck (visionär, vorausschauend), 4) Küche (ausprobierend, versorgend) und 5) Fangnetz (konsolidierend, Tiefe ergründend). Die jeweiligen Namen der Teammitglieder werden auf die Schiffsteile geschrieben.<br>**3.** Reiseziel bestimmen: Jedes Teammitglied schneidet das im Expeditions-Fragebogen markierte emotionale Ziel aus. Nacheinander liest jeder sein Ziel vor und ordnet es thematisch zu bzw. sucht Gemeinsamkeiten mit den bereits verlesenen Zielen. Die festgestellten Gemeinsamkeiten werden das Teamziel. Und aus dem Teamziel wird ein Name für das Schiff abgeleitet, der später als Teamname benutzt wird. Dieser wird auf das Bild übertragen (Beispiele: Aus dem Teamziel »Spaß haben« wird »Vergnügungsdampfer«, aus »Visionen leben« das »Traumschiff«). |
| Tipps und Tricks | ▪ Die Teammitglieder sollten sich mit ihren Positionen wohlfühlen und diese in der Teamarbeit gerne ausfüllen.<br>▪ Hängen Sie das Blatt sichtbar auf und nutzen Sie es so als Motivator für die Teamarbeit. |
| Zeit und Ressourcen | Für Anwendungsschritt 1) 5 Min., 2) 3 Min. pro Teammitglied, 3) 10 Min.<br>Gesamt: max. 30 Min.<br>Din-A3-Papier, Stifte, Schere, Time Timer |

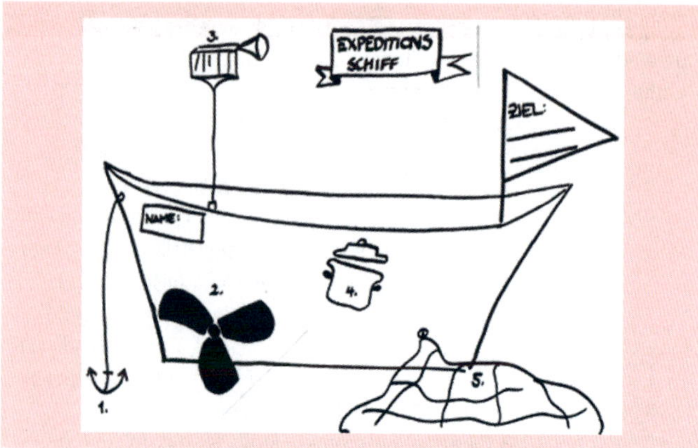


*Expeditionsschiff*

## Tool für Schritt 2: Zukunftsziel lebendig werden lassen mit dem Pokal

Eines der bekanntesten Zitate von Amelia Earhart, US-amerikanische Flugpionierin und Frauenrechtlerin, lautet: »Der effektivste Weg Dinge zu tun, ist sie zu machen.« Ein abstraktes, in ferner Zukunft liegendes Ziel auch in der täglichen Routine zu verfolgen – das ist die Funktion des hier beschriebenen Werkzeugs, das von Design-Thinking-Praktikern aus dem Sport in ihre Arbeit transferiert wurde.

Die Forschung im Bereich Selbstorganisation von Teams ist umfassend und zeigt vor allem in der Untersuchung von Teams im Sportbereich deutliche Ergebnisse: Konkrete, selbst-definierte und ambitionierte Ziele haben einen stärkeren Hebeleffekt auf die Leistung als abstrakte Ziele (»Wir geben alle unser Bestes«), zu leicht erreichbare Ziele oder die Abwesenheit von Zielen (siehe z. B. Edwin Locke, Gary Latham, A theory of goal-setting and task performance. Englewood Cliffs, NJ: Prentice Hall 1990). Ritualen, die das Ziel in Aktivitäten verwandeln, kommt dabei eine Verstärkerrolle zu, weil sie Zuversicht stärken, Unsicherheit mindern und dem Neuen eine emotionale Realität geben (Taylor & Whittier, Analytic Approaches to Social Movement Culture: The Culture of the Women's Movement', in: Johnston & Klandermans, Social Movements and Culture, S. 163 ff.).

»Der Pokal« ist im Schritt 2 ein wirksames Ritual, um sich in der täglichen Arbeit dem emotionalen Teamziel Stück für Stück zu nähern.

| Tool: Pokal | |
|---|---|
| Was es ist | Ein Visualisierungswerkzeug für den zweiten Schritt im Design Thinking |
| Wobei es hilft | Das Teamziel in konkrete Aktionen der täglichen Zusammenarbeit zu überführen und visuell zu manifestieren. |
| Anwendungsschritte | 1. **Vorbereitung:** Visualisierung (siehe unten) sowie das im Expeditionsschiff festgelegte Teamziel auf ein Din-A4-Blatt übertragen.<br>2. Aktionen sammeln: Zehn konkrete und wiederkehrende Aktionen sammeln, die das Teamziel fördern und ermöglichen. (Beispiele: Teamziel »Spaß haben« – Aktionen: Nach einem erfolgreichen Arbeitstag anstoßen, 1 × pro Monat Teamausflug zu inspirierenden Orten).<br>3. Prämieren: Drei Ideen auswählen, auf dem Pokal verewigen und als Erinnerung sichtbar aufhängen. |
| Tipps und Tricks | Je konkreter Sie die Aktionen fassen, desto besser: Definieren Sie z. B. Zeitpunkt und Ort. |
| Zeit und Ressourcen | Für Anwendungsschritt 1) 5 Min., 2) 20 Min., 3) 5 Min.<br>Gesamt: 30 Min.<br>Din-A4-Papier, Stifte, Time Timer |

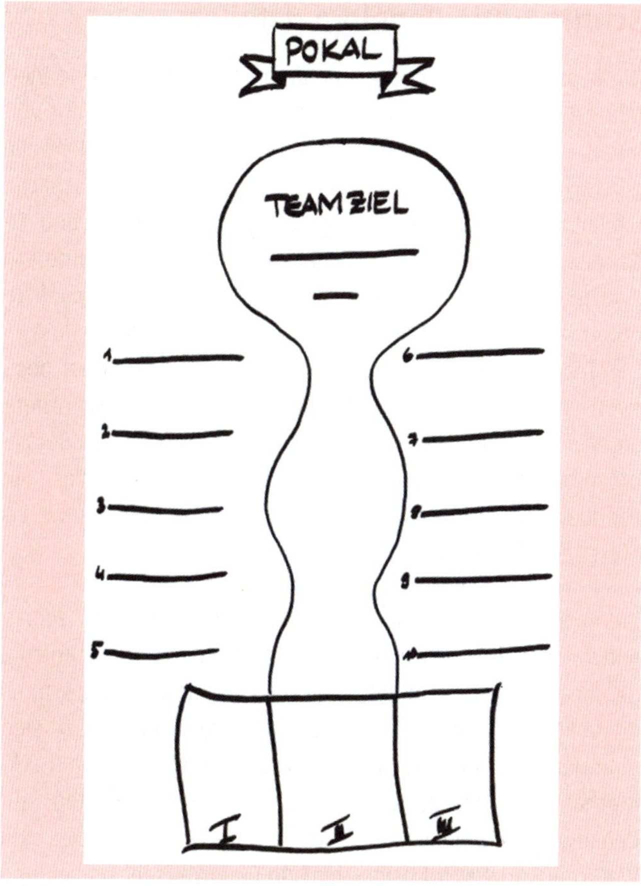


*Pokal*

## Schritt 3: Die Regeln aufstellen

Die beste Leistung erbringen heterogene Teams, die eine Vielfalt in Kompetenz, Charakter, Geschlecht, Alter und Kultur vereinen. Diese Erkenntnis hat sich im Management mittlerweile durchgesetzt. Design Thinker lernen schnell, dass menschliche Vielfalt nicht automatisch zu guten Arbeitsprozessen und Ergebnissen führt, sondern dass dafür eigene Regeln erforderlich sind. Je mehr Perspektiven es gibt, desto größer ist das Konfliktpotenzial und desto stärker die Gefahr von Reibungsverlusten. Das Team-Feedback, also die regelmäßige Reflexion der positiven und kritischen Einflussfaktoren während der Zusammenarbeit, ist dabei das Fundament einer funktionierenden Selbstorganisation. Der Haken daran ist: Wir mögen eigentlich nur Feedback, das positiv ist. Kritisches Feedback empfinden wir als Versagen, als Fehler. Wir fühlen uns verletzt.

Wenn es jedoch gelingt, Feedback im Team genauso selbstverständlich zu praktizieren wie eine Fahrt mit dem Aufzug, dann hat jedes noch so heterogene Team gute Chancen, schnell die volle Kraft seiner Vielfalt ausspielen zu können. Dazu sind eine gemeinsame Sprache, die Etablierung eigener Feedback-Mechanismen und das gemeinsame, aktive »Umschalten« auf den jeweils erforderlichen Denkmodus notwendig. All dies sind Werkzeuge, die sich Design-Thinking-Praktiker sehr schnell und einfach selbst bauen können.

## Ricardos Brause – der Schritt 3

Wenn die zur Verfügung stehende Zeit knapp ist, ist es wichtig, alle Zeitfresser möglichst zu eliminieren. Das war auch unserem Brause-Team klar. Aus ihrer Erfahrung in der Entwicklungsarbeit für digitale Produkte, aus der Praxis als Lehrer und von der Selbstorganisation beim Schreiben der Doktorarbeit kannten die Freunde drei zeitkritische Blocker, die sie in den Griff kriegen mussten:

1. lange Diskussionen um Ideen, die sich jeder im Kopf unterschiedlich vorstellt,
2. atmosphärische Störungen im Team, die nicht ausgesprochen und geklärt werden,
3. »Schwarze Löcher« vor einem Arbeitsschritt – auch bekannt als Prokrastination –, die einen davon abhalten, mit der entsprechenden Konzentration so schnell wie möglich aktiv zu werden.

Um diese Bremsen zu deaktivieren, wendeten die drei die folgende Regel Nr. 1 an: »Denke visuell. Lasst uns alle wichtigen Inhalte und Ideen visualisieren. Keiner von uns ist Designer, aber ein Strichmännchen oder ein Objekt aus einfachen geometrischen Formen bekommen wir alle hin. Dann können wir schneller nachvollziehen, was der andere meint.«

Regel Nr. 2 lautete: »Bevor wir jeweils anfangen zusammenzuarbeiten sowie am Ende jedes Arbeitsslots, reflektieren wir in 15 Minuten, was gut und was nicht so gut lief. Und zwar bezogen auf die Teamarbeit (menschlich) und bezogen auf die Projektarbeit (faktisch).«

Als Regel Nummer 3 legten sie fest: »Lasst uns jede Arbeitseinheit mit einer Kickstarter-Übung beginnen, die uns hilft, schnell in die Gänge zu kommen.«

## Tool für Schritt 3: Visuelles Trainingsfeld

Design-Thinking-Pioniere erfahren schnell, wie wirksam visuelle Kommunikation ist: Wer seine Gedanken im Brainstorming in eine einfache Strichzeichnung übersetzen kann, hat gute Chancen, dass darauf aufgebaut wird. Wenn man weiß, dass unser Gehirn Reize zu 75 % mit dem Sehsinn verarbeitet und nur 25 % des Jobs auf alle anderen Sinne verteilt werden (Dan Roam, Unfolding the Napkin: The Hands-On Method for Solving Complex Problems with Simple Pictures, Roam 2009), dann wundert man sich, warum unsere Präsentationen und Meetings so ablaufen, wie es derzeit größtenteils noch der Fall ist: mit wortlastigen PowerPoint Charts und langen Diskussionen.

Die visuelle Kommunikation ist die einzige Sprache, die über Kultur-, Geschlechter-, Spezialisten- und Generationsgrenzen hinweg universell einsetzbar ist. Natürlich hat jedes System seine eigenen Bildbedeutungen und Ikonen. Ein Bild sagt zwar immer mehr als tausend Worte, aber es sagt eben nicht für jeden Menschen das gleiche.

Daher nutzt erst die Kombination von Sprache mit visueller Kommunikation die Verarbeitungskapazitäten des Gehirns ideal. Sie hilft, abstrakte Inhalte schnell und für alle klar auf den Punkt zu bringen. Das Problem: Ungefähr zwei Drittel aller Design-Thinking-Pioniere sind am Anfang erst einmal der Meinung, dass sie nicht zeichnen können. Das hemmt sie, dieses Ausdrucksmittel zu wählen. Viele denken immer noch, Zeichnen, Malen, Visualisieren sei nur etwas für Kinder oder Künstler. Dabei kann man visuelle Kommunikation ganz leicht lernen und trainieren, wenn man das Prinzip dahinter verstanden hat: Jedes Motiv lässt sich in geometrische Elemente wie Linien, Kreise, Dreiecke, Vierecke etc. de-konstruieren. Wenn z. B. die einzelnen Elemente eines Teddybären erst einmal erkannt sind, lässt sich das Motiv problemlos jederzeit wieder reproduzieren.

Perfekte Trainingsmomente sind Konferenzen, Zugfahrten und Meetings. Je klarer – nicht: je schöner – Sie ein Bild von Ihren Gedanken zeichnen können, desto größer sind die Chancen, dass alle anderen Sie verstehen und deren Wert erkennen.

| Tool: Visuelles Trainingsfeld | |
|---|---|
| Was es ist | Ein Trainingswerkzeug für den dritten Schritt im Design Thinking |
| Wobei es hilft | Das Dekonstruieren von Bildern zu lernen und so visuelle Kommunikation zu trainieren. |
| Anwendungsschritte | 1. Vorbereitung: Visualisierung (siehe unten) mit dem sog. Visuellen Alphabet (Linien, Drei- und Vierecke, Kreise und freie Formen) auf Din-A3-Blatt übertragen.<br>2. Bilder dekonstruieren: Bilder in einzelne Komponenten des Visuellen Alphabets unterteilen und die Einzelteile in das Trainingsfeld zeichnen. Beispiel: Eine Tasse setzt sich zusammen aus einem Oval (Henkel), Viereck (Tassenkörper), Oval (Tassenhals).<br>3. Bilder rekonstruieren: Zum Schluss die einzelnen Komponenten und so das Bild zusammenfügen. |
| Tipps und Tricks | ▪ Um Linien sowie Drei- und Vierecke zu zeichnen, werden zwei, drei bzw. vier Punkte gesetzt und danach miteinander verbunden.<br>▪ Ein Kreis wird zunächst in der Luft simuliert, das heißt mit einem Stift in der Hand ins Leere gemalt, und dann mit der gleichen Bewegung auf das Blatt übertragen.<br>▪ Die Fortgeschrittenenvariante: Nehmen Sie ein Magazin zur Hand und schlagen Sie eine beliebige Seite mit einer Abbildung auf. Diese Abbildung unterteilen Sie dann in einzelne Komponenten des Visuellen Alphabets (dekonstruieren) und führen es dann im gleichen Verfahren zum Schluss wieder zusammen (rekonstruieren). |
| Zeit und Ressourcen | Für Anwendungsschritt 1) 5 Min., 2) 5 Min., 3) 5 Min.<br>Gesamt: 15 Min.<br>Din-A3-Papier, Stifte, Time Timer |

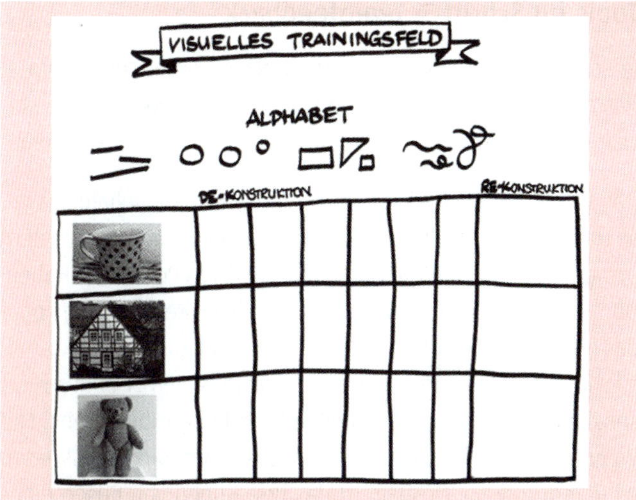


*Visuelles Trainingsfeld*

Wenn Sie ab sofort visuelle Kommunikation zum festen Bestandteil Ihrer Präsentationen machen, erreichen Sie andere wesentlich besser. Warum nutzen Sie nicht einfach die passiven Zeiten beim Reisen oder auf Konferenzen, um mit dem Visuellen Alphabet diese Hochgeschwindigkeitssprache zu trainieren?

## Tools für Schritt 3: Teamfeedback

Je schneller man Teamfeedback in die Arbeitskultur integriert, desto rascher kann man seine Energie in das Wesentliche stecken: in das gemeinsame kreative Lösen komplexer Probleme.

Das Verhalten der Teammitglieder lässt sich auf vielfältige Weise rückmelden. Feedback ist denn auch eines der Felder, in dem Design-Thinking-Anfänger sofort ihr kreatives Potenzial erleben. Der »Feedback-Alarmknopf«, der »Feedback-Rettungsring« oder das ritualisierte Feedback »Immer wenn wir zusammen im Aufzug fahren« sind Tools, die einen spielerischen Aspekt in das sensible Thema bringen und es damit »de-sensibilisieren«. Nur wenn etwas schiefläuft, kann sich das Team wirklich als Team weiterentwickeln. Deshalb ist das Bewältigen von Krisen eines der wichtigsten Design-Thinking-Werkzeuge für den Projekterfolg.

Teams, die ihre Krisen gemeistert haben, haben in der Regel nach den folgenden drei wichtigen Erkenntnissen gehandelt:

1. Verstehe die Perspektive der anderen und akzeptiere Unterschiede zur eigenen.

2. Nimm den Unterschied als Quelle der Inspiration.
3. Sei dir darüber im Klaren, dass Teamdynamiken in der Natur der Sache liegen und mit passenden Werkzeugen kanalisiert werden können.

Welche Art von Feedback Sie auch immer wählen – die folgende Formel bietet eine gute Basis für alle möglichen Formen der Rückmeldung an andere:

Konstruktives Feedback = Wertschätzung + (Fakt + Wirkung) x Inspiration

**BEISPIEL FÜR KONSTRUKTIVES FEEDBACK**

»Deine Ideen sind so ungewöhnlich, dass sie das Team immer nach vorne bringen. Du redest in Brainstormings jedoch doppelt so lang wie die anderen. Das führt dazu, dass ich, wenn du zu sprechen beginnst, schon ungeduldig werde und nicht mehr richtig zuhöre. Ich könnte mir vorstellen, dass wir als Team noch besser arbeiten würden, wenn unsere Redezeiten ausgeglichen wären.«

| Tool: Feedback-Klaviatur | |
|---|---|
| Was es ist | Ein Feedback-Werkzeug für den dritten Schritt im Design Thinking |
| Wobei es hilft | Teamfeedback nach Abschluss einer Arbeitsphase strukturiert erfassen, Feedbackprozesse ritualisieren und Zusammenarbeit kontinuierlich verbessern. |
| Anwendungsschritte | 1. Vorbereitung: Klaviatur-Visualisierung (siehe unten) auf Din-A3-Blatt übertragen.<br>2. Teamzusammenarbeit reflektieren: Drei positive und zwei verbesserungswürdige Ereignisse sammeln, die im Zusammenhang mit dem im Pokal festgelegten Teamziel und den dazugehörigen Aktionen stehen. Die positiven Aspekte in die unteren weißen Tasten der Klaviatur, die verbesserungswürdigen in die oberen schwarzen Tasten eintragen.<br>3. Arbeitsphasen reflektieren: Vier positive und drei verbesserungswürdige Ereignisse im Hinblick auf die gerade abgeschlossene Arbeitsphase sammeln. Auch hier wieder die positiven Aspekte in die unteren weißen Tasten, die verbesserungswürdigen in die oberen schwarzen Tasten eintragen.<br>4. Kontinuierlich nutzen: Vor der nächsten Arbeitsphase die als verbesserungswürdig eingetragenen Punkte (schwarze Tasten) in Erinnerung rufen und eine Aktion festlegen, die diese während der Arbeitsphase verbessert.<br>5. Evaluieren: Nach Abschluss der Arbeitsphase die Aktion mithilfe von Punkten bzw. Noten bewerten, so z. B. mit 0 für »nicht erreicht« bis 4 für »voll und ganz erreicht«. |

| Tool: Feedback-Klaviatur | |
|---|---|
| Tipps und Tricks | Beschreiben Sie die positiven sowie verbesserungswürdigen Ereignisse möglichst konkret. (Beispiel: Wir haben uns im Brainstorming wechselseitig aufmerksam zugehört und Kritik zurückgestellt). |
| Zeit und Ressourcen | Für Zwischenschritt 1) 5 Min., 2) und 3) insgesamt 15 Min.<br>Gesamt: 20 Min.<br>4) und 5) jeweils 10 Min.<br>Din-A3-Papier, Stifte, Time Timer |

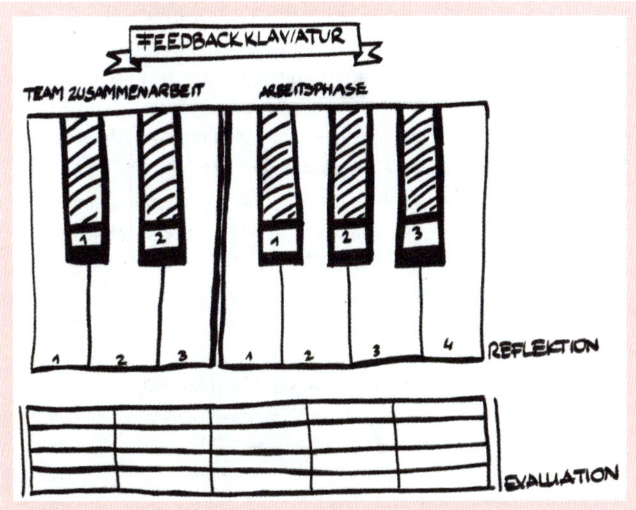


*Feedbackklaviatur*

| Tool: Feedback-Alarmknopf | |
|---|---|
| Was es ist | Ein Feedback-Werkzeug für den dritten Schritt im Design Thinking |
| Wobei es hilft | Teamfeedback nach Bedarf mithilfe eines Symbols sofort einfordern und so die »Teamhygiene« erhalten. |
| Anwendungsschritte | **1.** Vorbereitung: Ideen zu fünf Symbolen (Beispiele: Alarmknopf, Rettungsring oder Glocke) für das Einläuten von Teamfeedback sammeln. Ein Symbol auswählen, indem jeder drei Punkte vergibt. Das Symbol mit den meisten Punkten gewinnt.<br>**2.** Symbol visualisieren: Das ausgewählte Symbol prototypisch umsetzen (mit vorhandenen Materialien basteln) und sichtbar und jederzeit erreichbar aufstellen. Beispiele: Ein Alarmknopf könnte aus Alufolie und rotem Papier zum Leben erweckt und mitten auf dem Tisch fixiert werden. Als Glocke könnte ein in einem Glas mit Tape befestigter, dennoch frei schwingender Marker fungieren.<br>**3.** Symbol nutzen: Immer wenn ein Teammitglied einen Konflikt in der Teamarbeit wahrnimmt, wird das kreierte Symbol berührt, zum Klingen gebracht oder in die Luft gehalten. Daraufhin wird der Teamprozess angehalten, um die »Störung« zu beseitigen. |
| Tipps und Tricks | Ein humoristisches Symbol (Beispiele: ein quakender Frosch oder eine übergroße Sonnenbrille) kann die möglicherweise irritierende, da für den Moment stoppende Wirkung des Feedbacksymbols abschwächen. |
| Zeit und Ressourcen | Für die Anwendungsschritte 1) und 2) jeweils 10 Min. Gesamt: 20 Min.<br>Din-A4-Papier, Stifte, Bastelmaterial, Time Timer |

| Tool: Feedback-Ritual | |
|---|---|
| Was es ist | Ein Feedback-Werkzeug für den dritten Schritt im Design Thinking |
| Wobei es hilft | Aktivitäten oder Wege, die regelmäßig gemeinsam durchgeführt bzw. zurückgelegt werden (Beispiele: Kaffee holen oder Fahrstuhl fahren), und Zeit, die währenddessen limitiert zur Verfügung steht, nutzen, um ritualisiert Teamfeedback zu geben. |
| Anwendungsschritte | 1. Vorbereitung: Drei regelmäßige Aktivitäten bzw. Wege für das ritualisierte Feedbackgeben sammeln: »Immer wenn wir × tun/zu y gehen/z nutzen, geben wir uns Feedback.« (Beispiele: »Immer wenn wir Kaffee holen/zum Mittagessen gehen/den Fahrstuhl nutzen, geben wir uns Feedback.«)<br>2. Nutzen: Zu den festgelegten Ritualen wird kurz und bündig Feedback gegeben. |
| Tipps und Tricks | Es empfiehlt sich, vorab ein Format für das Teamfeedback festzulegen (z. B. das Fünf-Finger-Feedback, siehe das nächste Tool), um effektiv und fokussiert sein zu können. |
| Zeit und Ressourcen | Für Schritt 1) und 2) jeweils 10 Min.<br>Gesamt: 20 Min.<br>Din-A4-Papier, Stifte, Time Timer |

| Tool: Fünf-Finger-Feedback | |
|---|---|
| Was es ist | Ein Feedback-Werkzeug für den dritten Schritt im Design Thinking |
| Wobei es hilft | Teamfeedback auf effektive, strukturierte und simple Art und Weise geben und so die Teamhygiene spielerisch bewahren. |
| Anwendungsschritte | 1. Vorbereitung: Gemeinsam festlegen, auf welchen zeitlichen Abschnitt (z. B. Arbeitstag oder gesamte Woche) sich das Teamfeedback bezieht und ob es die allgemeine Teamperformance, die Eigenleistung oder beides betrifft. Alle nehmen sich 2 Minuten für die gedankliche Vorbereitung anhand der folgenden Kriterien: 1) Das hat mir gut gefallen. 2) Achtung, das könnten wir/ich besser machen. 3) Das hat mir nicht gefallen. 4) Das nehme ich mit. 5) Das kam zu kurz und sollte in Zukunft vertieft werden bzw. mehr Aufmerksamkeit erhalten.<br>2. Feedbackrunde: Nacheinander und mithilfe der eigenen fünf Finger strukturiert und möglichst konkret Feedback geben. 1) Daumen heben für »Das hat mir gut gefallen.« (Beispiel: Das Interview mit Peter, bei dem wir erkannt haben, dass unsere bisherigen Annahmen völlig falsch waren.) 2) Zeigefinger heben für »Achtung, das könnten ich/wir besser machen.« (Beispiel: Wenn wir wie beim Brainstorming unter Zeitdruck geraten, trotzdem alle Ideen anhören, respektieren und fokussiert bleiben.) 3) Mittelfinger heben für »Das hat mir nicht gefallen.« (Beispiel: Unsere Vorstellung im Interview und die Dokumentation unserer Ergebnisse.) |

| Tool: Fünf-Finger-Feedback | |
|---|---|
| | 4) Ringfinger heben für »Das nehme ich mit.« (Beispiel: Im Interview mehrfach nachhaken, um tiefer und besser zu verstehen, was wirklich gemeint ist.) 5) Kleinen Finger heben für »Das kam zu kurz und sollte in Zukunft vertieft werden bzw. mehr Aufmerksamkeit erhalten.« (Beispiel: Spaß haben trotz Zeitdruck.) |
| Tipps und Tricks | Um die Vorbereitung und das Feedbackgeben zu erleichtern, empfiehlt es sich, eine Hand aufzumalen und die Kategorien an die jeweiligen Finger zu schreiben. |
| Zeit und Ressourcen | Für Schritt 1) 2 Min., für 2) 10 Min.<br>Gesamt: 12 Min.<br>Time Timer |

## Warm-up-Tools für Schritt 3

Die sog. Warm-up-Übungen polarisieren sehr, wenn man mit Design Thinking beginnt. Die Hälfte der Pioniere lässt sich gerne und sofort auf diese sehr spielerischen Werkzeuge ein. Die andere Hälfte fühlt sich zunächst sehr unwohl dabei, »den Tiger zu spielen, der die Oma frisst« – um nur ein Beispiel zu nennen. Aber auch wenn die Übungen scheinbar nur wie alberne Spiele anmuten: Diese Design-Thinking-Werkzeuge wirken auf die Arbeit wie das Starthilfekabel eines freundlichen Autofahrers, wenn die eigene Batterie leer ist. Sie machen schnell (wieder) funktionsfähig.

Design Thinking lebt vom Tempo, das den ganzen Prozess in einen dynamischen, kreativen Fluss bringt. Wir vermeiden lange Diskussionen, vergegenwärtigen uns den Arbeitsmodus, der für den jeweiligen Schritt förderlich ist und legen los: entweder forschend oder eine Erkenntnis formulierend – entweder kreativ oder analytisch – im divergenten Modus, also Möglichkeiten schaffend, oder im konvergenten Modus, in dem wir uns für eine der geschaffenen Möglichkeiten entscheiden.

Warm-ups sind dafür ungemein hilfreich: als Eisbrecher, um schnell Beziehungen im Team aufzubauen, als Brücke von einem Arbeitsmodus in den anderen und als Energie-Kick z. B. nach dem Mittagessen.

| Tool: Gemeinsamkeiten erforschen | |
|---|---|
| Was es ist | Ein Eisbrecher-Werkzeug für den dritten Schritt im Design Thinking |
| Wobei es hilft | Schafft gute Voraussetzungen für eine vertrauensvolle Zusammenarbeit. |
| Anwendungsschritte | 1. Vorbereitung: Lebensabschnitt bestimmen, zu dem Gemeinsamkeiten erforscht werden sollen (Beispiele: frühe Kindheit, Schulzeit, Erwachsenwerden).<br>2. Gemeinsamkeiten erforschen: Paare bilden und innerhalb von drei Minuten im Dialog mindestens drei spezifische Gemeinsamkeiten finden, die aus dem oben festgelegten Lebensabschnitt stammen (Beispiele: Haustier war Katze, in der Schule aufgrund altmodischer Klamotten gehänselt, Lieblingsessen war Brioche). |
| | Paare nach den drei Minuten neu mischen und mit dem neuen Partner ebenfalls mindestens drei Gemeinsamkeiten in drei Minuten finden. Kann wiederholt werden, bis jeder mit jedem paarweise Gemeinsamkeiten gefunden hat.<br>3. Gemeinsamkeiten reflektieren: Überraschendste Erkenntnisse einander in großer Gruppe mitteilen. |
| Tipps und Tricks | Der Lebensabschnitt sollte möglichst konkret gewählt werden, damit die Chance, Gemeinsamkeiten finden zu können, garantiert ist (Beispiele: frühe Kindheit, Jugend). |
| Zeit und Ressourcen | In Anwendungsschritt 1) 1 Min., 2) 3 Min., 3) 3 Min., 4.) 3 Min.<br>Gesamt: 10 Min.<br>Time Timer |

| Tool: Steckbrief malen | |
|---|---|
| Was es ist | Ein Eisbrecher-Werkzeug für den dritten Schritt im Design Thinking |
| Wobei es hilft | Schafft gute Voraussetzungen für eine vertrauensvolle Zusammenarbeit und macht Erwartungshaltungen offensichtlich. |
| Anwendungsschritte | 1. Vorbereitung: Jeder Teilnehmer bekommt ein Din-A4-Blatt.<br>2. Portrait zeichnen: Auf die obere Hälfte des Blattes zeichnen die Teilnehmer ein Selbstporträt mit einer speziellen, vielleicht geheimen Eigenschaft oder einem ungewöhnlichen Hobby (Beispiel: Ein Mann mit Islandpony auf einer Wiese spazierend oder eine Frau auf hoher See Fliegenfische fangend). Um das schnelle und unbefangene Zeichnen zu üben, sollte nicht mehr als eine Minute darauf verwendet werden.<br>3. Hashtags hinzufügen: Auf der unteren Hälfte des Blattes werden drei individuelle Hashtags platziert. #1: Eigener Name, #2: Berufliche Funktion und #3: Erwartungshaltung für die kommende Arbeitssession.<br>4. Gegenseitig vorstellen: Jeder stellt seinen Steckbrief vor und geht dabei insbesondere auf die gezeichneten Hobbys bzw. Eigenschaften ein. Danach werden alle Steckbriefe sichtbar aufgehängt und es wird zu weiterer Vertiefung der hier beginnenden Konversationen animiert. |
| Tipps und Tricks | Die Hashtags können beliebig variiert werden. Beispiele: #Design Thinking ist für mich ..., #Lieblingsreiseziel, #Was ich am Sonntag am liebsten tue. |

| Tool: Steckbrief malen | |
|---|---|
| Zeit und Ressourcen | In Anwendungsschritt 1) und 2) 1 Min.,<br>3) 1 Min. = insgesamt 2 Min.<br>4) 1 Min. pro Teilnehmer<br>Din-A4-Papier, Stifte, Time Timer |

| Tool: Kartesisches Profil | |
|---|---|
| Was es ist | Ein Eisbrecher-Werkzeug für den dritten Schritt im Design Thinking |
| Wobei es hilft | Schafft gute Voraussetzungen für eine vertrauensvolle Zusammenarbeit und zeigt Gemeinsamkeiten in der Gruppe auf. |
| Anwendungsschritte | **1.** Vorbereitung: Alle Teilnehmer versammeln sich an einem Ort mit viel Platz.<br>**2.** In einer Linie aufstellen: Die Teilnehmer werden gebeten, sich selbstorganisiert und miteinander kommunizierend in einer Reihe aufzustellen, und zwar anhand des Kriteriums »kürzeste bis längste Anreisezeit«. Danach werden sie an den jeweiligen Enden der Linie zu ihrer Anreisezeit befragt. Danach sollen sich die Teilnehmer neu aufstellen, und zwar anhand des Kriteriums »Vorkenntnisse zu Design Thinking (von wenig bis viel Vorkenntnissen)«; im Anschluss daran ist das Kriterium »Geschwisteranzahl« maßgeblich. Und auch hier werden die Teilnehmer an den jeweiligen Enden befragt. |

| Tool: Kartesisches Profil | |
|---|---|
| | 3. Auf einer Weltkarte verorten: Der Ort wird in Himmelsrichtungen (Norden, Süden, Osten und Westen) eingeteilt, indem in die jeweiligen Richtungen gezeigt wird. Die Teilnehmer werden gebeten, sich selbstorganisiert und miteinander kommunizierend auf dieser imaginären Weltkarte zu verorten, und zwar anhand des Kriteriums »Geburtsort«. Die Geburtsorte werden anschließend nacheinander abgefragt. Gleiches passiert mit den Kriterien »Schönster, vergangener Urlaub« und »Traumziel in Rente«. |
| Tipps und Tricks | Die Kriterien können beliebig ausgetauscht oder erweitert werden. In einer Linie kann sich auch nach Kriterien wie »Schuhgröße« oder »Haarlänge« und auf der Weltkarte nach »Lieblingsessen« oder »Studienort« aufgestellt werden. |
| Zeit und Ressourcen | In Anwendungsschritt 1) und 2) 7 Min., bei 3) 8 Min.<br>Gesamt: 15 Min.<br>Time Timer |

| Tool: Papierflieger bauen | |
|---|---|
| Was es ist | Ein Eisbrecher-Werkzeug für den dritten Schritt im Design Thinking |
| Wobei es hilft | Schafft gute Voraussetzungen für eine vertrauensvolle Zusammenarbeit und sensibilisiert für kollaboratives Arbeiten. |
| Anwendungsschritte | 1. Vorbereitung: Die Teilnehmer in Paare aufteilen und jedem Paar ein Din-A4-Blatt aushändigen.<br>2. Papierflieger bauen: Den Paaren wird 3 Minuten Zeit gegeben, um aus dem Papier lediglich unter Nutzung der »schwachen Hand« (für Rechtshänder wäre das die linke, für Linkshänder die rechte Hand) und ohne miteinander zu sprechen, einen Papierflieger zu bauen. Zum Schluss werden die Namen der jeweiligen Paare auf dem Papierflieger vermerkt.<br>3. Papierflieger starten: Es wird eine Startlinie auf dem Boden markiert, an der sich jeweils ein Vertreter eines Paares mit dem gebauten Flieger versammelt. Es folgt ein Countdown von 3 auf 0. Bei 0 werden die Papierflieger gestartet. Der Flieger, der am weitesten kommt, gewinnt. Nachdem das Gewinnerpaar beglückwünscht wurde, wird gemeinsam dessen Kollaborationsstrategie reflektiert. |
| Tipps und Tricks | ▪ Die Regeln für das Bauen und Gewinnen sollten den Teilnehmern vorab erklärt werden.<br>▪ Die Paare werden am besten so formiert, dass diejenigen zusammenarbeiten, die sich noch gar nicht oder kaum kennen bzw. bisher kaum Kontakt hatten. |
| Zeit und Ressourcen | In Anwendungsschritt 1) und 2) 4 Min., bei 3) 6 Min.<br>= 10 Min.<br>Din-A4-Papier, Stifte, Time Timer |

| Tool: Magischer Stock | |
|---|---|
| Was es ist | Ein Eisbrecher-Werkzeug für den dritten Schritt im Design Thinking |
| Wobei es hilft | Schafft gute Voraussetzungen für eine vertrauensvolle Zusammenarbeit und zeigt Kollaborationskompetenzen auf. |
| Anwendungsschritte | **1.** Vorbereitung: Aus dickerem Papier oder Karton werden pro geplantem Team Rollen mit einem Durchmesser von ca. 5 cm geklebt. Die Gruppe wird in Teams mit jeweils 4 bis 6 Personen aufgeteilt. Jedes Team bekommt eine Rolle.<br>**2.** Aufstellung: Die Teammitglieder werden gebeten, sich einander gegenüber mit Blick und versetzt zueinander aufzustellen. Alle Teammitglieder heben ihre rechte Hand, strecken den Zeigefinger in Richtung des Gegenübers und in etwa auf Brusthöhe aus. Auf diese ausgestreckten Finger wird die Papierrolle gelegt.<br>**3.** Teamarbeit: Das Ziel der Teams ist es, die Papierrolle *gemeinsam* zum Boden zu bringen. Dabei gilt die Regel, dass die Rolle immer zu jeder Zeit von jedem Teammitglied mit dem Finger berührt werden muss. Das Team, welches die Rolle zuerst auf dem Boden abgelegt hat, ist der Gewinner. Im Anschluss wird die Strategie dieses Teams reflektiert und in der großen Gruppe geteilt. |
| Tipps und Tricks | Dieses Warm-up kann auch mit nur einem Team durchgeführt werden, um die Teamdynamik aufzuzeigen. |
| Zeit und Ressourcen | In Anwendungsschritt 1) 5 Min., 2) und 3) 5 Min.<br>Gesamt: 10 Min.<br>Papier, Time Timer |

| Tool: Klatsch-Spiel | |
|---|---|
| Was es ist | Ein energetisierendes Werkzeug für den dritten Schritt im Design Thinking |
| Wobei es hilft | Rasch Energie zu erhalten, zu lachen, sich zu bewegen und die eigene Komfortzone zu verlassen. |
| Anwendungsschritte | 1. Vorbereitung: Paare bilden, deren Partner sich einander gegenüberstellen und leicht in die Knie gehen.<br>2. Klatschen: Jeder führt in gleichem Rhythmus mit seinem Gegenüber eine von drei Bewegungen individuell aus: die Arme nach oben, zur rechten oder zur linke Seite strecken, zwischen jeder Armbewegung mit den Händen auf die Schenkel klatschen.<br>3. Spiegeln: Spiegelt sich die Armbewegung zufälligerweise mit der des Partners, klatscht man erneut auf die Schenkel, um sich dann gemeinsam mit den Händen des Partners abzuklatschen. |
| Tipps und Tricks | ▪ Je schneller die Übung wird, desto mehr Energie wird freigesetzt.<br>▪ Wenn die Paare immer nach zwei Minuten wechseln, erhöht sich die Interaktion in der Gruppe. |
| Zeit und Ressourcen | Im Anwendungsschritt 1) 1 Min., 2) und 3) insgesamt 9 Min.<br>Gesamt: 10 Min.<br>Time Timer |

| Tool: Stifte-Battle | |
|---|---|
| Was es ist | Ein energetisierendes Werkzeug für den dritten Schritt im Design Thinking |
| Wobei es hilft | Rasch Energie zu erhalten, zu lachen, sich zu bewegen und die eigene Komfortzone zu verlassen. |
| Anwendungsschritte | **1.** Vorbereitung: Alle Teilnehmer bilden einen Kreis. Jeder bekommt einen Stift, den er parallel zu den Fingerknöcheln auf den Handrücken legt. Die Teilnehmer können frei zwischen rechter oder linker Hand wählen. Der Stift darf weder mit Hilfsmitteln noch mit einem Finger fixiert oder festgehalten werden.<br>**2.** Start des Battle: Alle Teilnehmer bringen ihre Hände, auf denen die Stifte liegen, in der Kreismitte zusammen. Der Moderator gibt das Startsignal: 3 – 2 – 1 – Los!<br>**3.** Das Batteln: Während die Teilnehmer versuchen, ihren Stift auf der einen Hand vor dem Runterfallen zu schützen, wird die andere Hand dazu benutzt, die Stifte der anderen Teilnehmer von deren Händen zu stoßen. Fällt ein Stift, scheidet der jeweilige Teilnehmer aus. Zum Schluss wird der Gewinner mit anerkennendem Klatschen gekürt. |
| Tipps und Tricks | ▪ Das spielerische Element wird verstärkt, wenn erklärt wird, dass der Stift eine Raupe oder Schlange sein soll, die es zu schützen gilt.<br>▪ Das Batteln am besten bis zu dreimal wiederholen. |
| Zeit und Ressourcen | In Anwendungsschritt 1) 1 Min., bei 2) und 3) insgesamt 4 Min.<br>Gesamt: 5 Min.<br>Stifte, Time Timer |

| Tool: Oma, Tiger, Samurai | |
|---|---|
| Was es ist | Ein energetisierendes Werkzeug für den dritten Schritt im Design Thinking. |
| Wobei es hilft | Rasch Energie zu erhalten, zu lachen, sich zu bewegen und die eigene Komfortzone zu verlassen. |
| Anwendungsschritte | 1. Vorbereitung: Suchen Sie sich einen Ort mit viel Platz. Markieren Sie dort drei Linien im Abstand von jeweils 10 Metern auf dem Boden und definieren Sie damit zwei Spielfelder. Es werden zwei gleichgroße Gruppen gebildet. Diese werden gebeten, sich in ihren jeweiligen Spielfeldern leise, ohne dass die jeweils andere Gruppe dies hört, zu entscheiden, welche Rolle sie als Gruppe verkörpern wollen. Mögliche Rollen sind die der Oma, des Tigers und des Samurais.<br>2. Die Entscheidung: Nachdem sich beide Gruppen für jeweils eine Variante gemeinsam entschieden haben, reihen sie sich stillschweigend in zwei Reihen gegenüber an der Mittellinie auf. Der Blick ist zueinander gerichtet, die Fußspitzen berühren sich jeweils. Der Moderator startet den Countdown von 3 auf 0. Bei 0 führen alle Teilnehmer die Geste für die jeweils gewählte Rolle aus: Die Samurais heben ihr imaginäres Schwert mit beiden Händen in die Höhe, die Tiger fahren ihre Krallen aus und fauchen dabei und die Omas machen einen Buckel und tadeln ihr Gegenüber, indem sie ihre Zeigefinger nach links und rechts bewegen. |

**Tool: Oma, Tiger, Samurai**

3. Fangen: In Sekundenschnelle entscheidet sich so, welche Gruppe für den Moment gewonnen hat und die andere in deren Spielfeld fangen darf. Die Samurais dürfen dies, wenn ihnen gegenüber Tiger stehen (denn sie können diese mit dem Schwert töten), die Tiger sind die Fänger, wenn vor ihnen Omas stehen (da sie stärker sind), und die Omas dürfen Fänger sein, wenn vor ihnen Samurais gestikulieren (da diese durch die Omas besänftigt werden). Die Verlierergruppe dreht sich nun um 180 Grad, rennt in ihr Spielfeld und versucht, sich über die Spielfeldlinie am Ende des Spielfeldes zu retten. Schafft ein Teilnehmer der Gewinnergruppe es, jemanden aus der Verlierergruppe zu fangen, so gehört dieser zu der Gewinnergruppe und vergrößert diese.
4. Wiederholen: Nachdem alle Teilnehmer entweder über die rettende Linie geflüchtet sind, oder eingefangen wurden, beginnt die nächste Runde. Erneut wählen beide Gruppen stillschweigend eine (neue) Rolle für die nächste Runde aus. Danach stellt sich eine mittlerweile gewachsene Gruppe der kleineren Gruppe wieder gegenüber und der Moderator gibt einen Countdown. Auch hier werden die Rollen gestisch gezeigt und die Gewinnergruppe darf die Verlierer einfangen. Das Fangen wird so lange weitergeführt, bis es nur noch eine Gruppe gibt.

| Tool: Oma, Tiger, Samurai | |
|---|---|
| Tipps und Tricks | ▪ Gibt es während der Entscheidung eine Pattsituation (Samurais stehen Samurais, Omas stehen Omas und Tiger stehen Tigern gegenüber), müssen die Gruppen erneut über die Rollen beraten.<br>▪ Das Spielfeld kann auch größer sein, um die Aktivität zu erhöhen. |
| Zeit und Ressourcen | In Anwendungsschritt 1) bis 3) 3 Min.<br>3) bis zu 12 Min.<br>Gesamt: 15 Min.<br>Time Timer |

| Tool: Schere-Stein-Papier-Meisterschaft | |
|---|---|
| Was es ist | Ein energetisierendes Werkzeug für den dritten Schritt im Design Thinking |
| Wobei es hilft | Rasch Energie zu erhalten, zu lachen, sich zu bewegen und die eigene Komfortzone zu verlassen. |
| Anwendungsschritte | 1. Vorbereitung: Wählen Sie einen Raum mit viel Platz oder gehen Sie mit der Gruppe ins Freie.<br>2. Meisterschaft: Die Teilnehmer laufen herum und suchen sich einen beliebigen Gegner aus der Gruppe. Mit diesem spielen sie Schere-Stein-Papier (auch bekannt unter Sching-Schang-Schong): Beide schwingen ihre rechte Hand als Faust im gleichen Rhythmus einmal nach rechts und einmal nach links, um sie dann mittig entweder in eine Schere (Zeige- und Mittelfinger sind ausgestreckt), einen Stein (Faust) oder in ein Papier (flache Hand) zu verwandeln. Nun wird ein Gewinner ermittelt: Die Schere gewinnt über das Papier (zerschneidet es), das Papier gewinnt über den Stein (wickelt ihn ein) und der Stein über die Schere (schlägt sie kaputt).<br>3. Fanschlange: Der Gewinner sucht sich daraufhin einen neuen Gegner. Der Verlierer wird sein größter Fan, indem er seinem »Bezwinger« in einer Polonäse folgt und ihn beim nächsten Battle lautstark anfeuert. Nach jeder Entscheidung wächst die Fanschlange auf diese Weise weiter. Der aktuelle Gewinner wird stets angefeuert. Zum Schluss stehen sich zwei lange Schlangen mit zwei Spielern an der Spitze gegenüber, die das Finale bestreiten. Der Gewinner wird von allen bejubelt. |

| Tool: Schere-Stein-Papier-Meisterschaft | |
|---|---|
| Tipps und Tricks | Die Regeln für die Meisterschaft und das Formieren der Fanschlange sollten den Teilnehmern vorab ausführlich erklärt werden. |
| Zeit und Ressourcen | In Anwendungsschritt 1) bis 3) 10 Min.<br>Time Timer |

| Tool: A und B | |
|---|---|
| Was es ist | Ein energetisierendes Werkzeug für den dritten Schritt im Design Thinking |
| Wobei es hilft | Rasch Energie zu erhalten, zu lachen, sich zu bewegen und sich in Verbindung zueinander zu bringen. |
| Anwendungsschritte | **1.** Vorbereitung: Die Teilnehmer werden gebeten, sich im Raum stillschweigend zwei andere Teilnehmer auszuwählen und diese für sich mit den Namen A und B zu versehen.<br>**2.** Runde Nr. 1 – Entfernung von A: Die Teilnehmer werden aufgefordert, sich so weit wie möglich von Person A zu entfernen.<br>**3.** Runde Nr. 2 – B als Schutzschild: Die Teilnehmer sollen nun B als Schutzschild vor A betrachten. B muss also zwischen der eigenen Person und A stehen. Währenddessen sollen alle darauf achten, dass der Abstand zwischen A und B und der eigenen Person stets gleichbleibend ist.<br>**4.** Runde Nr. 3 – B umkreisen: Die Teilnehmer werden aufgefordert, ihre B fünfmal zu umkreisen und danach in die Hocke zu gehen. |
| Tipps und Tricks | Je größer der Raum ist, desto mehr Dynamik entsteht. |
| Zeit und Ressourcen | In Anwendungsschritt 1) bis 4) 10 Min.<br>Time Timer |

# Das Prinzip »Nutzerzentriertheit«

Der Anwender bzw. Nutzer mit all seinen Bedürfnissen und Wünschen ist Dreh- und Angelpunkt im Design Thinking. Um dieses Prinzip der Nutzerzentriertheit mit Leben zu füllen, gehen Praktiker die Design-Thinking-Schritte 4 bis 6:

4. Die Herausforderung verstehen
5. Empathie aufbauen
6. Nutzerstandpunkt definieren

## Der Nutzer als Zentrum der Design-Thinking-Welt

Der Design Thinker sieht den Nutzer nicht als »Zielgruppe«, der es eine fertige Lösung zu »verkaufen« gilt. Der Mensch ist für ihn vielmehr die wichtigste Inspirationsquelle und Referenz, um einen Startpunkt für die Lösungsfindung zu entdecken und auf dem Weg zur Lösung in komplexen Kontexten die Orientierung zu behalten.

Nutzerzentriertes Denken bedeutet also, sich so konsequent wie möglich in die Situation des Nutzers hineinzuversetzen – und dabei ganz bewusst unsere eigene Sicht auf die Realität zu verlassen.

Sich in die Lage des Nutzers hineinzuversetzen, ist schwieriger als wir denken. »Natürlich sind wir kundenorientiert!« So wird wohl jeder Entscheider auf eine entsprechende Nachfrage in den Unternehmen antworten. Aber wirklich relevante Ideen und Lösungen entstehen erst, wenn es uns gelingt, die Nutzererfahrung mit allen ihren positiven und negativen Emotionen möglichst vollständig nachzuempfinden. Dabei sind die emotionalen Bedürfnisse des Nutzers, die sich hinter dem faktischen Bedarf verstecken, oft die reichhaltigere und überraschendere Inspirationsquelle. Der Design-Thinking-Werkzeugkasten bietet nützliche Hilfsmittel, um aus der eigenen Sicht auf die Dinge in die Welt des Nutzers einzutauchen.

# Schritt 4: Herausforderung verstehen

»98 % aller Innovationen scheitern. Und 25 % davon deswegen, weil das falsche Problem definiert wurde.« – Darell Mann, ehemaliger Chef-Ingenieur bei Rolls-Royce, Unternehmensberater und Buchautor, bringt mit diesen Sätzen auf den Punkt, warum neuartige Lösungen so schwer zu finden sind: Wir gehen viel zu schnell davon aus, dass wir das Problem kennen und dass es jetzt nur noch ausreichend Expertenwissen, Budget und Zeit bedarf, damit wir garantiert die Lösung dafür finden.

Anders als bei diesem »Business-Thinking«, wo die Lösungsfindung beim (vermeintlichen) Problem beginnt, starten wir im Design Thinking damit, Hypothesen in Bezug auf mögliche Problemstellungen zu finden. Das bringt zunächst einmal mehr Unbehagen als ein vermeintlich sicheres »Hier geht's los und dahinten ist das Ziel«. Design-Thinking-Praktiker erleben jedoch schnell, dass sie sich in der Arbeit voll und ganz auf die präzise Strukturierung und den Fluss des Design-Thinking-Prozesses verlassen können. Folgen sie ihm – »Trust the Process« –, so gelangen sie sicher vom gefühlten Stochern im Nebel zu möglichen Problemdefinitionen und schließlich auch zu Lösungen. Und zwar zu Lösungen, die nicht für ein vordefiniertes Problem entwickelt wurden, sondern die konsequent, ja radikal, auf den Nutzer zugeschnitten sind. Diese Lösungen haben dann eine gute Chance, zu den wenigen erfolgreichen Innovationen zu gehören.

Im Design-Thinking-Werkzeugkasten finden sich gute Hilfen, um aus einem vagen Problem- bzw. Möglichkeitsfeld einen gemeinsamen sinnvollen Startpunkt zur Vorbereitung der Recherchearbeit zu formulieren.

## Ricardos Brause – der Schritt 4

»WACH heißt unser Thema. Bevor wir nun unter die Leute gehen und forschen, sollten wir uns im Rahmen unserer Erfahrungen erst einmal über folgende Dinge klarwerden: Wo liegt das Problemfeld und wo sehen wir Möglichkeiten der Verbesserung? Was steckt hinter dem Begriff WACH und was bieten die aktuellen Lösungen?« Mit diesen Fragen begann die erste Projektarbeitseinheit des Dreierteams, die Verstehen-Phase. Als Warm-up-Tool wählten sie »3 Gemeinsamkeiten für Wachsein-Erlebnisse in 3 Minuten«, indem sie möglichst viele persönliche Erfahrungen mit dem Thema Wachsein aufzählten und sie direkt mit einfachen Symbolen auf Post-its dokumentierten. Allen drei gemeinsam waren die folgenden Erfahrungen:

1. Am Freitagabend fängt das Leben nach der Arbeit an – aber man ist zu müde um auszugehen.
2. Mitten am Tag, besonders dann, wenn man gerade keine Pause machen will, weil etwas fertig werden soll, kommt ein massiver Müdigkeits-Flash.
3. Genau dann, wenn eine Party am schönsten ist, erreicht man einen Müdigkeitspunkt, der keinen Drink mehr verträgt – fürs geruhsame Kaffeetrinken ist man dann aber viel zu ausgelassen.

Das Team hatte im Vorfeld die Substanzen recherchiert, denen eine aktivierende Wirkung zugeschrieben wird, so z.B. Koffein, Teein, Champagner, Mate, Guaraná, Vitamin C, Wasser, Ephedrin.

In einer sog. semantischen Analyse sammelten Ricardo, Hannes und Martin alle Wortbedeutungen zu ihrem Problemfeld:

- Wach = ausgeruht, ausreichend Schlaf, stark, aufmerksam, gut gelaunt, schnell (körperlich, geistig), cool, mit allen Sinnen wahrnehmen, aufmerksam, motiviert.
- Müde = schlecht gelaunt, wie in Watte gepackt, schwach, chillen, unkonzentriert, krank, unkontrollierbar.

Auf Basis der Sammlung dieser unterschiedlichen Nutzererfahrungen konnte das Team seine Aufgabe nun schon konkreter formulieren. Dafür wählten sie die Form des sog. Design-Auftrags: Re-Design des »Energie, wenn ich sie brauche«-Erlebnisses in einer Alltagswelt, die Energie abruft, ohne Rücksicht auf die Ressourcen des Menschen zu nehmen.

Das verschaffte ihnen einen guten Startpunkt für die dritte Arbeitseinheit, in der sie sich verschiedene Nutzer und deren Erfahrungen mit Energie anschauten. Für die systematische Strukturierung nahmen sie ein einfaches Hilfsmittel, den Design-Thinking-Einkaufswagen: eine dreispaltige Liste, in der sie sehr schnell, ohne zu diskutieren, mögliche Nutzer, deren mögliche Probleme und die daraus resultierenden Forschungsfelder sammelten. »Welche Extremnutzer können wir erreichen? Die sind auch, was ihre Probleme und Bedürfnisse angeht, extrem.

Von denen können wir wahrscheinlich am meisten lernen.« Die Ergebnisse aus dieser Sammlung versprachen genug Arbeit für die zweite Phase der Projektarbeit, die Empathie- und Forschungsphase. Folgende Nutzer sowie Forschungsfragen standen nun auf dem Rechercheplan:

Standardnutzer, für die »Energie, wenn ich sie brauche« relevant ist:

- Kaffeetrinker – keine Zeit für eine Kaffeepause oder kein Kaffee greifbar – was ist der Ersatz?
- Cola-Trinker – gesundheitlicher Aspekt – wie wird das schlechte Gewissen beruhigt?
- Jeder um uns herum – der irgendwie davon betroffen ist, dass ihn die Müdigkeit überkommt, wenn er sie gerade nicht gebrauchen kann.

Extremnutzer, für die »Energie, wenn ich sie brauche« relevant ist:

- Ärzte – wachbleiben im Nacht- und Bereitschaftsdienst – wie schaffen sie es, aufmerksam und konzentriert zu bleiben?
- Schichtarbeiter (z. B. Fabrik, Medien, Einsatzkräfte) – wach sein auf Knopfdruck und schlafen können auf Kommando – lässt sich der Biorhythmus beeinflussen?
- Hacker – Hackathon mit begrenzter Zeit und Ergebnisdruck – wie bleibt die Motivation oben? Und wodurch findet die

für die Selbstwahrnehmung so wichtige Differenzierung vom Mainstream statt?

- Junge Eltern – permanenter Schlafmangel wegen nächtlicher Versorgung des Babys – wie sind deren Erfahrungen mit guter Laune und Ausgeglichenheit tagsüber?
- Taxifahrer – Warten macht müde und ist langweilig, Fahren erfordert Konzentration – was sind die Strategien, um die Zeit zu vertreiben und wach zu bleiben?

Das Team überlegte, wer welche Kontakte hatte, wann sie die Recherche machen konnten und welche Aufgaben sie gemeinsam und getrennt voneinander angehen würden.

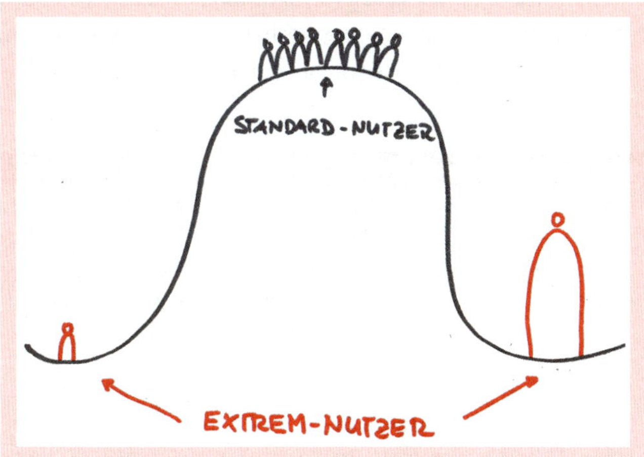


*Standard- und Extrem-Nutzer*

## Tool für Schritt 4: Semantische Analyse

Wenn das Problem- bzw. Möglichkeitsfeld definiert ist, steht fest, dass es einen Anlass gibt, mit Design Thinking nach einer Lösung zu suchen. Die semantische Analyse ist eine Technik aus der Linguistik, die hilft, die bedeutungstragenden Einheiten des formulierten Problem- bzw. Möglichkeitsfeldes aus Sicht des Teams zu erörtern.

**BEISPIEL**

Was meinen wir mit »Meeting«? Welche Arten von Meetings gibt es? Was bedeutet »Kultur«? Und wer ist »wir«?

Eine solche systematische Annäherung bietet außer einer ersten Spezifizierung des Problem- bzw. Möglichkeitsfeldes auch eine gute Ausgangsbasis für die Recherche in Sekundärquellen, die Aufschluss über bereits vorhandene Forschung und Erkenntnisse gibt.

| Tool: Semantische Analyse | |
|---|---|
| Was es ist | Ein Analysewerkzeug für den vierten Schritt im Design Thinking |
| Wobei es hilft | Die einzelnen Komponenten des Themas auf ihre Bedeutungsfacetten hin zu untersuchen und so die Dimensionen des Themas besser zu verstehen. |
| Anwendungsschritte | 1. Vorbereitung: Das Thema auf ein Din-A4-Blatt schreiben.<br>2. Bestandteile markieren: Begriffe, die einer Klärung bedürfen und die verschiedene Dimensionen haben, unterstreichen. |

| Tool: Semantische Analyse | |
|---|---|
| | **3.** Bedeutungsfacetten sammeln: Freies Assoziieren unterschiedlicher Bedeutungen. Jeweils drei bis fünf Assoziationen zu den jeweils markierten Begriffen. |
| Tipps und Tricks | Vor allem bei schwierigen Begriffen kann es sich anbieten, die einzelnen Facetten durch eine Recherche z. B. im Internet, in Büchern und Magazinen zu vertiefen. |
| Zeit und Ressourcen | Für die Anwendungsschritte 1) und 2) insgesamt 5 Min.; 3) 10 Min.<br>Gesamt: 15 Min.<br>Din-A4-Papier, Stifte, Time Timer |

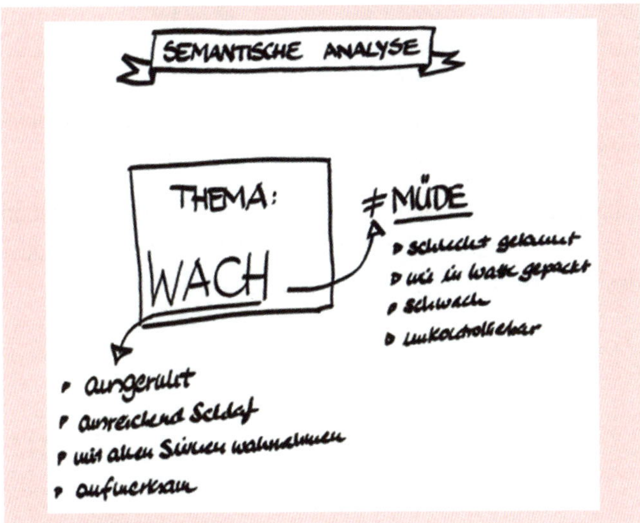


*Semantische Analyse*

## Tool für Schritt 4: Design-Auftrag

Um einen ersten Schritt aus der eigenen Wahrnehmung in die Welt des Nutzers zu machen, hilft ein einfacher Trick: Das Problem- oder Möglichkeitsfeld wird so formuliert, dass das Nutzererlebnis darin explizit enthalten ist. Die Formel für jeden Design-Auftrag lautet:

(Re-)Design + Nutzererlebnis (oder: Nutzererfahrung) + Kontext

**BEISPIEL**

Aus »Wie gewinnen wir mehr Sparkassenkunden?« wird »Re-Design des Kundenerlebnisses im Kontext der Online- und Offline-Finanzdienstleistungen«.

»Wie verändern wir unsere Meetingkultur?« wird zu »Re-Design des individuellen Mehrwert-Erlebnisses in Meetings«.

»Wie bringen wir die unterschiedlichen Abteilungen dazu, sich besser abzustimmen?« wird zu »Re-Design des Kooperationserlebnisses«.

Mithilfe der Formel wird gleich von Anfang an die Konzentration des Teams weg von der Perspektive des Unternehmens oder des Vorgesetzten hin zur Perspektive des Nutzers gelenkt.

| Tool: Design-Auftrag | |
|---|---|
| Was es ist | Ein Konkretisierungswerkzeug für den vierten Schritt im Design Thinking |
| Wobei es hilft | Aus einem Thema in drei Schritten einen Design-Auftrag zu formulieren. |
| Anwendungsschritte | 1. Vorbereitung: Visualisierung (siehe unten) und das eigene Thema auf Din-A4-Blatt übertragen.<br>2. Nutzererlebnisse entwickeln: Drei mögliche Nutzererlebnisse zum Thema ableiten (Thema »Schuhe« – Nutzererlebnisse: Lauf-, Tanz-, Klettererlebnis).<br>3. Kontexte formulieren: Die Relevanz und Dringlichkeit der jeweiligen Erlebnisse hinterfragen und jeweils einen Kontext daraus ableiten (Nutzererlebnis »Lauferlebnis« – Kontext: Im Kontext von knappen Zeitressourcen für regelmäßige Bewegung).<br>4. Auswahl treffen: Die Nutzererlebnisse mit dazugehörigem Kontext mit insgesamt 5 Sternen bewerten. Dabei ein klares Ranking anstreben (also kein Unentschieden), um einen Favoriten identifizieren zu können. Das Kriterium für die Auswahl sollte sein: komplex (das Ergebnis liegt nicht auf der Hand und benötigt die Nutzerperspektive), aber machbar auswählen und markieren. So hat das Beispiel »Neu-Design des Lauferlebnisses im Kontext von knappen Zeitressourcen für regelmäßige Bewegung« eine eindeutige Nutzerperspektive (der Läufer), das Ergebnis liegt nicht auf der Hand und die zu befragenden Nutzer sind mannigfaltig und erreichbar.<br>5. Design-Auftrag formulieren: Übertragung des ausgewählten Erlebnisses und Kontextes in eine Satzstruktur. |

| Tool: Design-Auftrag | |
|---|---|
| Tipps und Tricks | ▪ Das erste Wort in der Satzstruktur ist »Designen«, wenn es noch keinerlei Lösung gibt. Ansonsten wird etwas Bestehendes neu gedacht. Der Satz beginnt dann mit »Neu-Designen« oder »Re-Designen«.<br>▪ Beim Nutzererlebnis interessieren das 360°-Nutzererlebnis und alle (noch) nicht ausgeschöpften Design-Möglichkeiten. |
| Zeit und Ressourcen | Für Anwendungsschritt 1) 5 Min., 2) 5 Min., 3) 5 Min., 4) 3 Min., 5) 2 Min.<br>Gesamt: 20 Min.<br>Din-A4-Papier, Stifte, Time Timer |

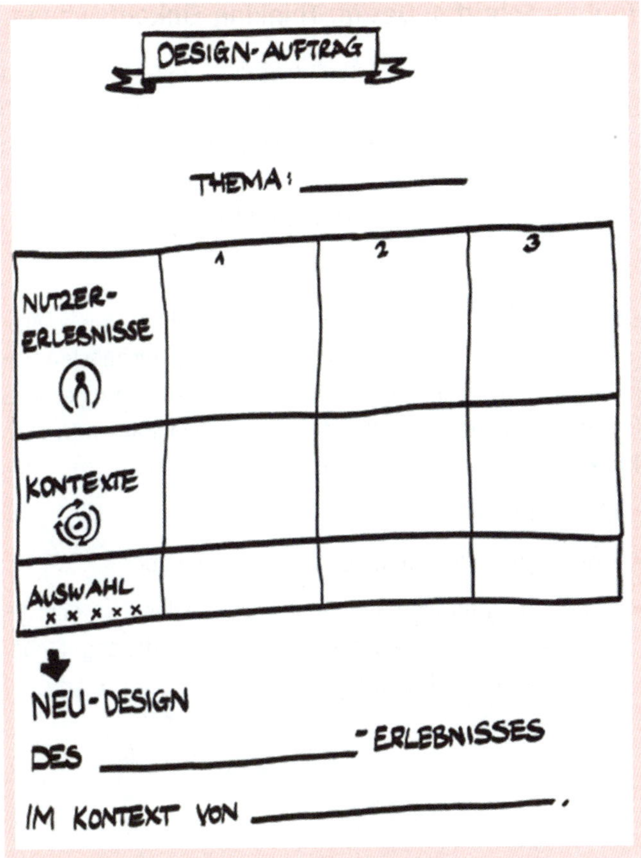


*Design-Auftrag*

## Tool für Schritt 4: Design-Thinking-Einkaufswagen

Wenn Sie in den Urlaub fahren und ein Ferienhaus gemietet haben, führt Sie Ihr erster Weg nach der Ankunft wahrscheinlich in den nächstgelegenen Supermarkt. Hier packen Sie alles in den Einkaufswagen, was Sie in den nächsten Tagen brauchen, auch wenn Sie noch keine konkrete Idee haben, was Sie kochen werden.

So ähnlich verfahren Sie auch mit dem Innovationsprojekt. Ausgehend vom Design-Auftrag sammeln Sie die wichtigsten Elemente Ihres Problem- bzw. Möglichkeitsfeldes, um eine Basis für die weitere Arbeit zu schaffen. In der Regel hat ein Design-Thinking-Einkaufswagen drei Ablagebereiche:

- einen für die Nutzer,
- einen zweiten für ihre möglichen Probleme und
- einen dritten für die damit verbundenen Erlebnisse oder Erfahrungen, die das Design Thinking Team in der sog. Empathie-Phase erforschen wird.

Mit dem Einkaufswagen verschaffen Sie sich einen ersten Eindruck über das System der Nutzer und die damit zusammenhängenden Problemfelder.

**BEISPIEL**

Wer ist vom Vertrauenserlebnis von einem Patienten zu seinem Arzt betroffen? Der Patient natürlich. Aber nicht nur er, sondern auch seine Angehörigen, der Apotheker, die Krankenschwester oder die Sprechstundenhilfe.

Besonders interessante Forschungsfelder bieten die Extremnutzer. Dies sind Nutzer, die im Hinblick auf das Problem- bzw. Möglichkeitsfeld keine Standarderfahrung haben, sondern besonders stark oder auch besonders wenig davon betroffen sind. Denn ihre Bedürfnisse sind sichtbarer als die eines »Normalnutzers« und bieten deshalb ein größeres Potenzial für Inspiration. Also: Rein mit den Extremnutzern in den Einkaufswagen!

**BEISPIEL**

Für den Design Thinker besonders interessant sind Patienten, die Arztbesuche vermeiden. Und auch bei chronisch Kranken lassen sich überraschende Erkenntnisse zum Thema »Vertrauenserfahrung« finden.

| Tool: Design-Thinking-Einkaufswagen | |
|---|---|
| Was es ist | Ein weiterführendes strukturierendes Werkzeug für den vierten Schritt im Design Thinking |
| Wobei es hilft | Alle potenziellen Nutzer und Akteure sowie deren Probleme in Bezug auf den Design-Auftrag zu sammeln und Themen für die Nutzerforschung abzuleiten. Dabei das System des Design-Auftrags erkennen und die eigenen Annahmen fassbar machen. |
| Anwendungsschritte | 1. Vorbereitung: Visualisierung (siehe unten) auf Din-A3-Blatt übertragen.<br>2. Nutzer und Akteure: In der Spalte 1 zehn unterschiedliche Personen mit konkreter Bezeichnung, darunter mindestens drei Extremnutzer, auflisten. Danach den spannendsten Nutzer markieren.<br>3. Probleme und Bedürfnisse: Für den ausgewählten Nutzer in der Spalte 2 drei Probleme und Bedürfnisse formulieren. Danach das Prozedere für mindestens zwei weitere interessante Nutzer aus Spalte 1 wiederholen. |
| | 4. Vertiefungsfelder formulieren: Die spannendsten Probleme und Bedürfnisse auswählen und daraus Themenfelder für die Recherche ableiten. |
| Tipps und Tricks | ▪ Bei Nutzern und Akteuren keine Abteilungen (Beispiele: HR-, F&E-Abteilung), sondern natürliche Personen auflisten (Beispiel: HR-Abteilungsleiter).<br>▪ Bei Problemen und Bedürfnissen Zitate des betroffenen Nutzers verwenden (als wäre dies eine Interviewsituation) – so kann man sich besser in den Nutzer hineinversetzen. |
| Zeit und Ressourcen | Für Anwendungsschritt 1) 2 Min., 2) 8 Min., 3) 10 Min., 4) 5 Min.<br>Gesamt: 25 Min.<br>Din-A3-Papier, Stifte, Time Timer |

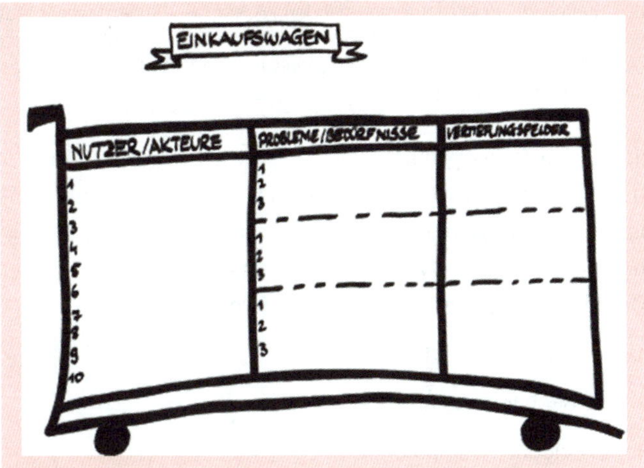


*Design-Thinking-Einkaufswagen*

## Schritt 5: Empathie aufbauen

»Empathie ist das Vermögen zu verstehen, was eine andere Person erlebt und fühlt – und zwar aus der Perspektive ihres Bezugsrahmens. Mit anderen Worten: es ist das Vermögen, sich in die Lage des anderen hineinzuversetzen« (Paul Bellet/Michael Maloney, »The importance of empathy as an interview skill in medicine«, 1991).

**BEISPIEL**

In der Gesundheitsbranche gehen fortschrittliche Dienstleistungsunternehmen schon seit einigen Jahren neue Wege, um ihre Services noch nutzerfreundlicher zu gestalten. So erleben neue Mitarbeiter in der Altenpflege am eigenen Leib, was es bedeutet, alt zu sein: mit Brillen, die das Sehen behindern, Anzügen, die Bewegungen erschweren, und Handschuhen, die das Greifen zur Herausforderung werden lassen. Die Pfleger tauchen auf diese Weise regelrecht in die Welt ihrer Patienten ein und entwickeln aus dieser Perspektive ein tieferes Verständnis für ihre Bedürfnisse, Probleme und ihre emotionale Gefühlslage.

---

Im Design Thinking nutzen wir Techniken, die aus der Anthropologie und der Psychologie entliehen sind, um den menschlichen Bedürfnissen auf die Spur zu kommen. Je nachdem, wie nah wir an unsere Nutzer herankommen können, bietet der Design-Thinking-Werkzeugkasten drei Recherchearten:

1. das Interview,
2. die Beobachtung und
3. das eigene Ausprobieren.

Alle drei Werkzeuge können auch auch sehr gut miteinander kombiniert werden.

## Ricardos Brause – der Schritt 5

Das Team um Ricardo hatte aus seinen bisherigen Erkenntnissen drei Themen für die Nutzerforschung abgeleitet:

1. Wachbleiben trotz Schlafentzugs,
2. Wachsein auf Kommando und
3. Wachmacher nach Bedarf bei sich haben.

Die ersten Recherchen machten sie durch eigenes Ausprobieren. »Deine Augen sind ganz glasig und du hast meine letzte Frage überhaupt nicht verstanden.« Martin war von Dienstag bis Donnerstag 52 Stunden am Stück wachgeblieben — und nicht gerade gut gelaunt. Selbst so tief wie möglich in die Situation von Menschen hineinzutauchen, die auf Kommando wach bleiben müssen, war das Ziel seines Schlafentzugsexperiments. Während der Wachphase hatte er unterschiedliche Stimulanzien ausprobiert und deren Vorher-Nachher-Wirkung dokumentiert. Darunter waren z. B. Koffein, Teein, Guaraná, Vitamin C, Mate, die Tagetes-Pflanze. Die Ergebnisse seines Selbstversuchs: Am angenehmsten wirkte das teure Guaraná. Koffein musste genau dosiert werden, damit keine Übernervosität oder bleiernde Müdigkeit entstand. Alles in allem hatte das Ganze keinen Spaß gemacht.

Das Team hatte sich getroffen, um die Ergebnisse der Recherchearbeit zu teilen und zu bündeln. »Egal, was du nimmst, es ist entweder aufwendig und umständlich, schmeckt nicht richtig oder einfach langweilig, oder es ist schwierig zu dosieren«, stellte Martin fest. »Das mit der Müdigkeit bei zu viel Kaffee habe ich auch bei den Kollegen beobachtet. Einer der Entwickler-Jungs schläft regelmäßig vor seinem Computer ein – mit vier Litern Koffeinhaltigem im Körper.« Jeder berichtete über die Dinge, die ihn am meisten überrascht hatten. Ricardo hatte neben der Beobachtung am eigenen Arbeitsplatz auch mit Taxifahrern und einer jungen Mutter gesprochen sowie die Partyszene am Wochenende untersucht. Hannes hatte zwei Assistenzärzte befragt. Die größten Spannungsfelder und Überraschungen: Zu viel Kaffee macht nicht wach, sondern müde. Viele legale Wachmacher sind als Getränke in Dosen und Flaschen abgefüllt. Dadurch sind sie für bestimmte Anwendungsbedürfnisse unpraktisch, so z. B. bei Clubbesuchen oder zum Mitnehmen in die Uni. Und schließlich: Wach sein heißt gut drauf sein – aber Wachmacher konsumieren macht keinen Spaß. »Die Süßigkeiten, die ich als Kind hatte, die haben Spaß beim Essen gemacht. Das war nicht nur der Geschmack. Lollys mit Brausekern, Saure Pommes oder Knusper-Puffreis. Wenn ich wegen durchwachter Nächte mit meinem Baby übermüdet und genervt bin, helfen mir die Süßigkeiten von früher, um wieder gute Laune zu bekommen. Dann kriege ich selbst wieder ein Gefühl wie als Kind. Da kann ich ihm gar nicht mehr böse sein«. Das war die Strategie der jungen Mutter, die nachts oft aufstehen musste, um ihrem Säugling Milch zu geben, wie Ricardo erfuhr.

Die Drei fassten ihre schönsten »Trüffel«, also das, was sie wirklich überrascht hatte, aus der Fülle der Rechercheergebnisse zusammen und interpretierten die möglichen, tieferliegenden emotionalen Nutzerbedürfnisse:

1. Zu viel Kaffee macht nicht wach, sondern müde. Faktisches Bedürfnis: präzise Dosierungshilfe. Mögliches emotionales Bedürfnis: genaue Kontrolle über Wirkungsgrad des Wachmachers.
2. (Legalen) Wachmacher dabei haben = Flasche/Dose/unhandliche Verpackung mit sich tragen. Faktisches Bedürfnis: praktikablere Verpackung. Mögliches emotionales Bedürfnis: unauffälliger Konsum – keiner soll sehen, dass ich mich aufputsche.
3. Wachmacher konsumieren ist langweilig. Emotionales Bedürfnis: Spaßfaktor aus der Kindheit abrufen, um gute Laune und Wachsein auf Knopfdruck zu erzeugen.

## Tool für Schritt 5: Stille Post

| Tool: Stille Post | |
|---|---|
| Was es ist | Ein Werkzeug, das in einen Arbeitsmodus überführt – in diesem Fall in den fünften Schritt im Design Thinking |
| Wobei es hilft | Die Phase »Empathie entwickeln« einleiten und für das aktive Zuhören sensibilisieren. |
| Anwendungsschritte | 1. Vorbereitung: Ein Thema aus der Liste (siehe unten) auswählen.<br>2. Runde 1 – Geschichten erzählen: Paare bilden und sich jeweils das entweder beste oder schlimmste Erlebnis zum ausgewählten Thema erzählen (Beispiel: schlimmstes Reiseerlebnis). |
| | 3. Runde 2 – Perspektive wechseln I: Paare neu mischen und dem neuen Partner die Geschichte des Partners aus Runde I in der Ich-Perspektive erzählen, also so, als wäre es die eigene Geschichte.<br>4. Runde 3 – Perspektive wechseln II: Alle Geschichten in der großen Gruppe nacheinander erzählen. Immer denjenigen aus der Ich-Perspektive erzählen lassen, der sie zuletzt gehört hat.<br>5. Experiment reflektieren: Den Unterschied zwischen der in Runde 1 ursprünglichen und in Runde 3 veränderten geschilderten Geschichte unter dem Aspekt des genauen Zuhörens reflektieren. |

| Tool: Stille Post | |
|---|---|
| Tipps und Tricks | Den Erzählern die Option geben, entweder das beste oder schlechteste Erlebnis zu erzählen, da hier unterschiedliche Präferenzen vorherrschen bzw. Erlebnisse erinnert werden. Es mag sein, dass sich jemand an das beste Reiseerlebnis gerne erinnert und gar kein schlechtes hatte und wiederum nur schlechte Erfahrungen beim Umzug gesammelt hat und somit nicht fähig ist, Positives darüber zu berichten. |
| Zeit und Ressourcen | Für Anwendungsschritt 1) 1 Min., 2) jeweils 2 × 2 Min. Interview = 4 Min., 3) 2 × 2 Min. Interview = 4 Min., 4) 6 Min. Reflexion<br>Gesamt: 15 Min.<br>Time Timer |

*Erlebnisliste*

## Tools für Schritt 5: Der Design Thinker als Journalist

In der klassischen Marktforschung erhebt man mit standardisierten Fragebögen die »richtigen« Antworten auf vorgegebene Fragen. Im Design Thinking ist das ganz anders. Hier sucht man bei den Nutzern nach Geschichten. »Es ist ein Unterschied, ob ich meine Mitarbeiter frage, was sie zum Arbeiten brauchen, oder ob ich mir erzählen lasse, wie sie arbeiten«, so ein Design Thinker aus einem großen Unterhaltungselektronik-Unternehmen.

Wie ein Journalist, der auf der Suche nach einer spannenden Story seine Interviewpartner motiviert, so viel wie möglich zu erzählen, ist auch der Design Thinker an den Geschichten hinter dem Sichtbaren, hinter der Oberfläche interessiert. Die Frage nach dem Warum ist der Schlüssel, den wirklichen Bedürfnissen auf den Grund zu gehen. Der große Automobil-Pionier Henry Ford gab sich nicht mit dem Wunsch nach schnelleren Pferden zufrieden. »Warum braucht man schnellere Pferde?«, hat er möglicherweise Reisende gefragt und durch die Antworten auf diese Fragen vielleicht erfahren, dass sie weniger Zeit auf holprigen Straßen verbringen wollten. Das Bedürfnis nach mehr Bequemlichkeit und Tempo fand seine Antwort im Automobil. »Warum ist das so? Was steckt dahinter?«, fragt sich der Journalist und gibt dem Interviewpartner Zeit und Raum, von seinen Motiven, Gefühlen und Bedürfnissen zu erzählen.

| Tool: Interviewtreppe | |
|---|---|
| Was es ist | Ein Planungswerkzeug für den fünften Schritt im Design Thinking |
| Wobei es hilft | Die Interviewphase strukturiert vorzubereiten und alle relevanten Schritte zu erinnern. Die Treppe visualisiert das Vorhaben, während des Interviews immer tiefer in die Nutzerwelt »einzusteigen«. |
| Anwendungsschritte | **1.** Vorbereitung: Visualisierung (siehe unten) auf Din-A3-Blatt übertragen.<br>**2.** Vorstellung vorbereiten: Drei Stichpunkte sammeln, die einen guten Start ermöglichen und Vertrauen schaffen (Beispiel: »Wir beschäftigen uns mit ... Unser Design-Auftrag lautet ... Ihr Beitrag dient nur internen Zwecken und wird nicht veröffentlicht«). |
| | **3.** Erlebnis festlegen: Auf Basis der formulierten Herausforderung das Nutzererlebnis definieren. Dies wird der Interviewauftakt (Beispiel für die Einleitung: »Bitte schildern Sie Ihr bestes oder schlechtestes Lauferlebnis«).<br>**4.** Vertiefungsfelder bestimmen: Bis zu drei Vertiefungsfelder aus dem Werkzeug »Einkaufswagen« auswählen und übertragen. Erst nachdem das Erlebnis im Interview erforscht wurde, werden diese Felder näher erfragt.<br>**5.** Danksagung skizzieren: Zwei Stichpunkte sammeln, die ein wertschätzendes Interview-Ende ermöglichen (Beispiel: Folgendes wird mit den Ergebnissen passieren: ...; kleines Präsent als Dankeschön). |

| Tool: Interviewtreppe | |
|---|---|
| Tipps und Tricks | ▪ Wenn der Interviewer bei der Vorstellung um Unterstützung gebeten wird, ist er aufgeschlossener. Beispieleinleitung: »Wir würden das Erlebnis ... gerne verbessern. Bitte helfen Sie uns.«<br>▪ Im Idealfall das beste sowie auch das schlechteste Erlebnis abfragen.<br>▪ In die Danksagung inkludieren, was mit den gewonnenen Daten passieren wird. Das schafft Vertrauen. |
| Zeit und Ressourcen | Für Anwendungsschritt 1) 3 Min., 2) 5 Min., 3) 3 Min., 4.) 5 Min., 5) 4 Min., Vorbereitung gesamt: 20 Min.<br>Din-A3-Papier, Stifte, Time Timer |

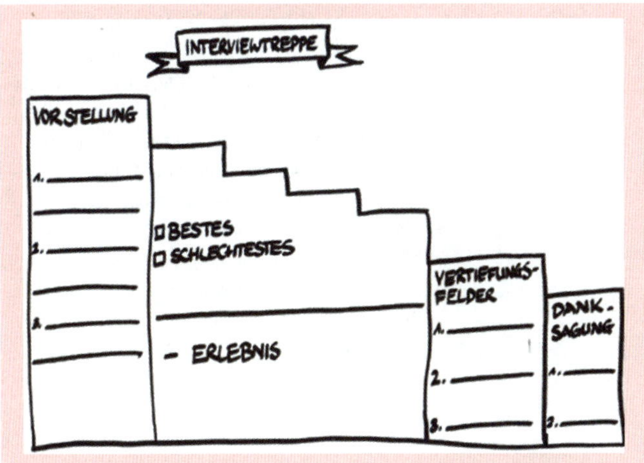


*Die Interviewtreppe*

| Tool: Der Journalistenblock | |
|---|---|
| Was es ist | Ein Dokumentationswerkzeug für den fünften Schritt im Design Thinking |
| Wobei es hilft | Das Wesentliche aus den Nutzerinterviews festhalten, um es später erinnern zu können. |
| Anwendungsschritte | 1. Vorbereitung: Visualisierung (siehe unten) auf Din-A4-Blatt übertragen und je nach geplanter Interviewanzahl vervielfältigen.<br>2. Interviews führen: Interviews führen und dabei das Regelwerk (siehe auch die Abbildung unten) beachten: |
| | ▪ Regel Nr. 1: Nach jeder Aussage mindestens dreimal mit der Frage »Warum« tiefer in die Nutzerwelt einsteigen (Aussage: »Ich gehe nie zum Meeting, wenn dort bereits einer aus meinem Team anwesend ist.« – »Warum?« – »Weil ich das überflüssig finde.« – »Warum findest du das überflüssig?« – »Weil mir die effektive Nutzung von Zeit essentiell wichtig ist.« – »Warum ist dir das so wichtig?« – »Weil ich so schnell wie möglich nach Hause zu meinen Kindern möchte, um mit ihnen Zeit zu verbringen. Familienrituale wirken ausgleichend auf mich.«).<br>▪ Regel Nr. 2: Nie mehr als 20 % der Zeit selber reden, sondern primär den Nutzer erzählen lassen. Wenn eine Antwort nicht sofort kommt, ihm ca. 10 Sekunden Zeit geben, damit er überlegen und seine eigene Antwort finden kann. |

| Tool: Der Journalistenblock | |
|---|---|
| | **3.** Interviews dokumentieren: Jedes Interview wird separat dokumentiert. Negative sowie positive Zitate in Bezug auf das abgefragte Erlebnis sowie Erkenntnisse und Überraschungen werden mitgeschrieben. Abschließend werden Name, Funktion und Alter des Interviewpartners festgehalten. Als Erinnerungsskizze wird ein Bild des Interviewten skizziert. |
| Tipps und Tricks | ▪ Maximal 20 Minuten Zeit pro Interview aufwenden, um nur das Wesentliche abzuschöpfen.<br>▪ Bei mehreren Teammitgliedern zwei Rollen (den Fragenden und den Schreiber) festlegen und maximal zu dritt ein Interview (mit zwei Schreibern) führen.<br>▪ Das Alter muss nicht zwangsläufig abgefragt, sondern kann im Nachhinein antizipiert werden. |
| Zeit und Ressourcen | Für Anwendungsschritt 1) 5 Min. und für 2) 15 Min.<br>Gesamt: 20 Min.<br>Din-A4-Papier, Stifte, Time Timer |

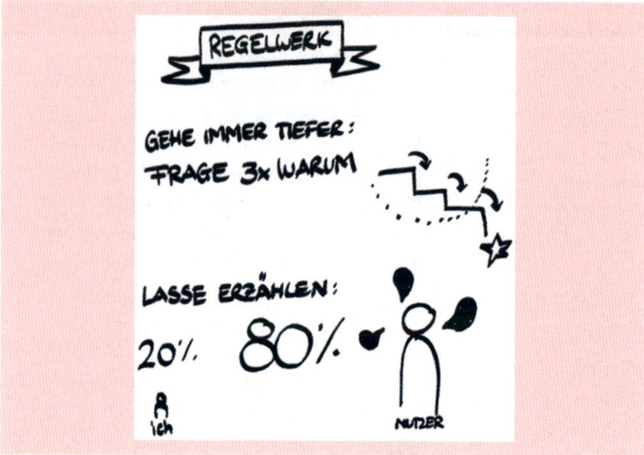
REGELWERK
GEHE IMMER TIEFER:
FRAGE 3x WARUM
LASSE ERZÄHLEN:
20%
80%
Ich
NUTZER

*Regelwerk*

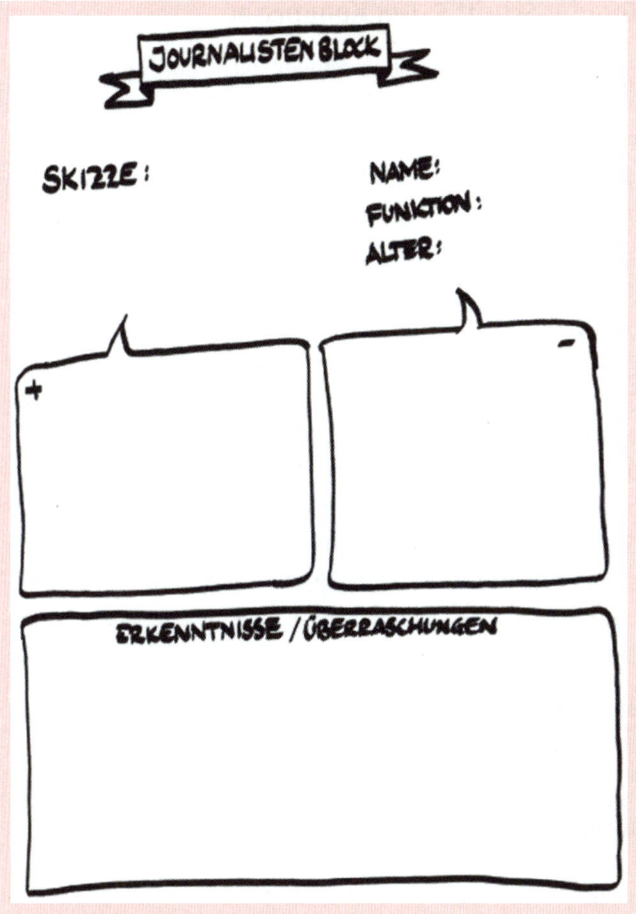


*Der Journalistenblock*

## Tool für Schritt 5: Der Kommissar

Bestimmte Nutzergruppen können nicht so einfach befragt werden, so z.B. Kleinkinder, Ärzte in Notfallsituationen, Kassiererinnen im Supermarkt oder je nach Themenbereich auch die eigenen Angestellten. Immer wenn die Situation, die erforscht werden soll, ein Interview erschwert, verfälscht oder einfach unmöglich macht, kann Beobachtung eine wertvolle Inspirationsquelle für neue Lösungen sein – vorausgesetzt, es gelingt dem Beobachter, seine ganze Aufmerksamkeit auf das Forschungsobjekt zu konzentrieren. Durch das allgegenwärtige Multitasking und die zunehmende Reizüberflutung haben wir das genaue Beobachten jedoch verlernt. Wir übersehen oft die sog. schwachen Signale, die nur beim Einschalten aller uns zur Verfügung stehenden Sinne wahrnehmbar sind. Wenn der Design Thinker sie aktiv und bewusst wie ein erfahrener Kommissar aktivieren kann, macht er überraschende Entdeckungen, die zu außergewöhnlichen Ideen kombiniert werden können.

**BEISPIELE**

Die Beobachtung von Clubgängern, die gerne mit Bier direkt aus der Flasche anstoßen, waren letztlich der Auslöser für kleine Champagnerflaschen-Formate, die man genau so cool und unkompliziert – auch beim Tanzen – mit sich herumtragen kann.

Die steigende Körperspannung bei Zahnarztpatienten, wenn sie den bitteren Geschmack der Lokalbetäubung wahrnehmen, war Sprungbrett für die Idee eines medizinischen Gels mit Schokoladen- oder Zitronengeschmack.

| Tool: Kommissarkladde | |
|---|---|
| Was es ist | Ein Planungs- und Dokumentations-Werkzeug für den fünften Schritt im Design Thinking |
| Wobei es hilft | Bei der Beobachtung: recherchieren, ohne den Nutzer zu beeinflussen, planen und die Erkenntnisse dokumentieren. |
| Anwendungsschritte | **1.** Vorbereitung: Visualisierung (siehe unten) auf Din-A4-Blatt übertragen.<br>**2.** Vertiefungsfelder und Fragen: Drei Vertiefungsfelder aus dem »Einkaufswagen« auswählen und jeweils drei sich daraus ergebende Fragestellungen für die Beobachtung formulieren (Vertiefungsfeld: Interaktion zwischen Schaffner und Bahnfahrern. Fragen: Wie läuft die Kommunikation ab? Wie wird Hilfe angeboten? Wie wird Hilfe angenommen?).<br>**3.** Ort und Zeit: Orte und den bestmöglichen Zeitraum festlegen, um Antworten auf die formulierten Fragen zu erhalten, so z. B. Ort: volles Abteil; Zeit: Berufsverkehr um 8 Uhr und um 17 Uhr).<br>**4.** Erkenntnisse dokumentieren: Jede Beobachtung und insbesondere Überraschungen festhalten. |
| Tipps und Tricks | Die eigene Konzentration erhöhen indem alle Ablenkungen, wie z. B. das Smartphone, zu Hause gelassen werden. |
| Zeit und Ressourcen | Für Anwendungsschritt 1) 2 Min., 2) 10 Min., 3) 8 Min., 4) 3 Orte × 30 Min. = 90 Min.<br>Gesamt: 110 Min.<br>Din-A4-Papier, Stifte, Time Timer |

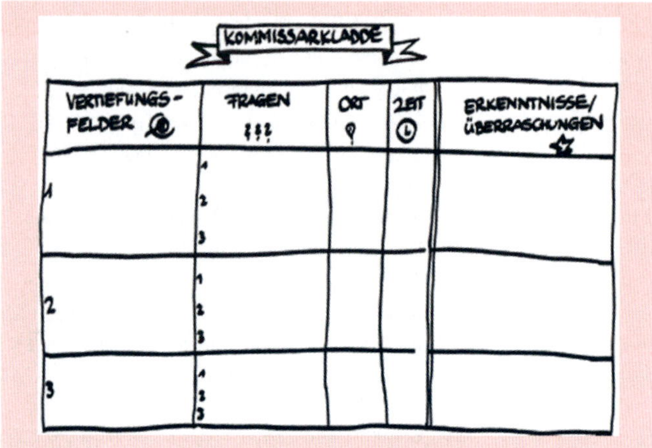


*Kommissarkladde*

## Tool für Schritt 5: Der Taucher

Der Taucher ist der radikalste unter den Empathie-Forschern. Ihm reicht es nicht, die Bewegungen der Fische von oben zu studieren – er springt selbst ins Meer und nimmt alles mit den eigenen Sinnen ganz intensiv selbst wahr. Machen Sie es wie er und tauchen Sie selbst ein in die Situation, die Sie näher erforschen wollen.

**BEISPIELE**

Erst als Verkäuferin hinter der Kasse in einem hochfrequentierten Bekleidungsgeschäft spürt man, wie das das Einpacken der Ware in Plastiktüten die Hände austrocknet. Man gewinnt so einen überzeugenden Startpunkt, um das Verkaufspersonal dafür zu gewinnen, den Kunden doch lieber Stofftaschen zu empfehlen.

Nur wer selbst versucht, 52 Stunden am Stück wach zu bleiben, bekommt eine Ahnung davon, was das für Ärzte im Bereitschaftsdienst bedeutet.

Das Taucher-Tool ist das Design-Thinking-Werkzeug, das die stärkste Nähe zum Nutzer bringt. Es ist oft der beste Weg zur entscheidenden Erkenntnis und eine Inspirationsquelle für mögliche Lösungen.

| Tool: Tauchkompass | |
|---|---|
| Was es ist | Ein Planungs- und Dokumentationswerkzeug für den fünften Schritt im Design Thinking |
| Wobei es hilft | Das eigene Ausprobieren vorzustrukturieren, konkrete Strategien zu planen und später die gewonnenen Erkenntnisse zu dokumentieren. |
| Anwendungsschritte | 1. Vorbereitung: Visualisierung (siehe unten) sowie den Design-Auftrag auf ein Din-A3-Blatt übertragen (Beispiel: Neugestaltung des Lauferlebnisses im Kontext immer knapperer Zeitressourcen).<br>2. Nutzer auflisten: Auf Basis des »Einkaufswagens« vier Nutzer auswählen, deren Erlebnisse für ein eigenes Ausprobieren interessant wären (Beispiele: Marathonläufer, Paketzusteller).<br>3. Strategien und Zeitpunkt ableiten: Möglichkeiten, wie und wann diese Erlebnisse nachempfunden werden können, sammeln.<br>4. Erlebnisse selektieren: Abschließend diejenigen Erlebnisse auswählen, die tatsächlich ermöglicht werden können.<br>5. Erkenntnisse dokumentieren: Erkenntnisse und Überraschungen jeweils nach dem Ausprobieren sofort aufschreiben. |
| Tipps und Tricks | Möglichst unterschiedliche Nutzererlebnisse ausprobieren. |
| Zeit und Ressourcen | Für Anwendungsschritte 1) 3 Min., 2) 5 Min., 3) 10 Min., 4) 2 Min. Vorbereitung gesamt: 20 Min.<br>5) Pro Erlebnis 30 Min. × 4 = 120 Min.<br>Din-A3-Papier, Stifte, Time Timer |

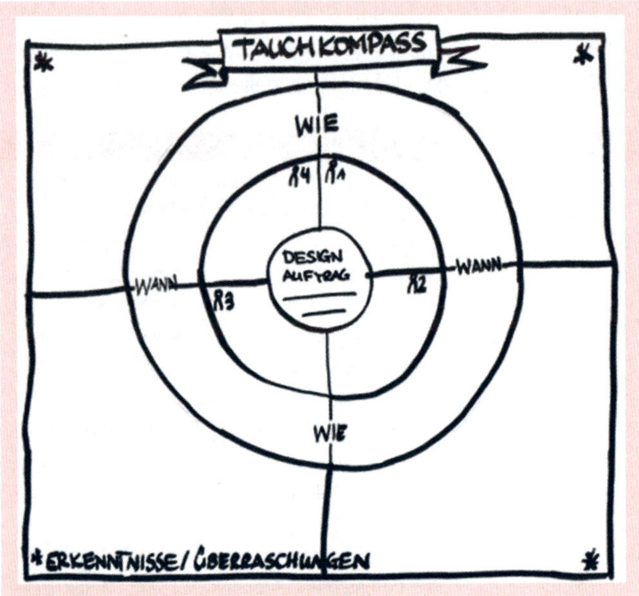


*Tauchkompass*

## Schritt 6: Nutzerstandpunkt definieren

Dieser Schritt wird von den meisten Design Thinkern als der herausforderndste eingestuft. Nachdem in der Feldarbeit eine Menge neuer Erkenntnisse und Informationen gesammelt werden konnten, liegt jetzt der Fokus darauf, die wichtigsten davon zu synthetisieren, Zusammenhänge und Muster zu erkennen und damit die Vielfalt und Fülle der Informationen wie in einer Art Zentrifuge für die Weiterverarbeitung zu trennen.

Alles dreht sich hier darum, die Entscheidung über die vielversprechendste Hypothese des relevanten Nutzerbedürfnisses zu treffen. Entscheidungen fallen uns immer schwer, weil sie ein Risiko bergen: wir könnten damit falschliegen.

In seinem Buch »Blink, die Macht des Moments« erklärt der kanadische Journalist, Bestseller-Autor und Berater Malcolm Gladwell anschaulich, warum unsere Intuition ein Erfolgsfaktor bei Entscheidungen unter Zeitdruck ist. Die Qualität unserer Bauchentscheidungen basiert auf unserem Erfahrungswissen, das wir über lange Zeit in unseren Spezialgebieten angesammelt haben (Malcolm Gladwell, Blink – Die Macht des Moments, 2005).

**BEISPIEL**

Ein erfahrener Onkologe, der Patientin Nummer 4.375 untersucht, liegt mit seiner Moment-Diagnose exakt richtig, lange bevor der Befund der Stanzbiopsie vorliegt.

Unser gesunder Menschenverstand ist oft über die Jahre der Orientierung an Checklisten und Entscheidungsregeln verschüttet worden. Der Design-Thinking-Werkzeugkasten hält ein paar Hilfsmittel bereit, die uns dabei unterstützen, unsere natürliche Urteilsfähigkeit wieder frei- und einzusetzen.

Am Ende dieses Schrittes steht folgendes Ergebnis: Das Team definiert eine inspirierende Herausforderung, die ein relevantes Nutzerbedürfnis sowie die Sprungkraft für die kreative Lösungssuche liefert.

## Ricardos Brause – der Schritt 6

Das Team hatte das Fundament für die Bestimmung des Nutzerstandpunktes festgelegt: Das Bedürfnis junger Eltern nach Wachsein und guter Laune auf Knopfdruck war dem von Martin, der in die 52-Stunden-Extremsituation eingetaucht war, sehr ähnlich. »Nach einer Zeit bist du nur noch genervt von dem ganzen Zeug, das du in dich hineinschüttest, um wach zu bleiben.« Spaß als Wirkungsverstärker der neuen Wachmacher-Idee war gesetzt.

So formulierten die Jungs ihr Sprungbrett für die Ideenfindungsphase mit dem Nutzerstandpunkt aus drei Elementen:

- dem Nutzer ihrer künftigen Innovation,
- dessen Hauptbedürfnis in Bezug auf den Kontext und
- die Fragestellung, die nach der Antwort auf das Hauptbedürfnis sucht.

6. Nutzer: Wir haben Julia, 36 Jahre alt und Mutter eines drei

Monate alten Mädchens, getroffen, die nachts von ihrer Tochter regelmäßig um den Schlaf gebracht wird.

7. Hauptbedürfnis: Es hat uns überrascht zu entdecken, dass Julia die Süßigkeiten aus ihrer Kindheit als Mittel benutzt, um ihre punktuell aufflammende Müdigkeit nicht nur zu vertreiben, sondern zudem in eine Kindheits-Gute-Laune zu verwandeln.
8. Fragestellung: Wie können wir Julia helfen, ihre Gute-Laune-Erinnerung aus der Kindheit noch gezielter und wirkungsvoller gegen Müdigkeit einzusetzen?

## Tool für Schritt 6: Trüffelsuche

Ein Trüffelschwein hat einen untrüglichen Sinn für das verborgene schwarze Gold, auch wenn es mehr als einen halben Meter unter der Erde liegt. Das liegt daran, dass der Duft des Trüffels dem eines Ebers gleicht – was eine Schweinedame natürlich sehr interessant findet.

Für den Design Thinker hat die überraschende Erkenntnis zu einem Nutzerbedürfnis echte Trüffel-Qualitäten: Wenn er wenn er etwas zutage fördert, das als Sprungbrett für eine relevante Problemlösung dient, entgeht er dem Innovations-Flop-Risiko von über 90 % (hier schwanken die Zahlen je nach Untersuchung, siehe z. B. www.sueddeutsche.de/digital/gescheiterte-innovationen-was-nutzer-nicht-moegen).

Wie können wir aber unseren natürlichen »Trüffelsinn« freilegen? Design-Thinking-Anwender nutzen ihre Intuition bei der Auswahl der Erkenntnisse, die den Startpunkt für die Ideenfindung bilden sollen. Intuition – im Sinne des gesunden Menschenverstandes – ist ebenso wie unser Expertenwissen ein Wissensdepot, das wir uns im Lauf der Zeit anlegen. Lebenserfahrung, die innere Logik von Gegebenheiten oder Interpretationsmuster spielen hier eine Rolle. All dieses subjektive Wissen, was höchst unwissenschaftlich daherkommt, hilft bei der Freilegung von Design-Thinking-Trüffeln.

Drei einfache Schritte sorgen dafür, dass die Intuition ihre ganze Kraft und Präzision freisetzen kann:

1. Was ist sichtbar und überraschend?
2. Welches faktische Bedürfnis verbirgt sich dahinter?
3. Was könnte das emotionale Bedürfnis sein? Hier sind »Educated Guesses«, d. h. begründete Vermutungen erlaubt und sinnvoll.

Kommen wir noch einmal zurück auf das Trüffelschwein, um es deutlicher zu machen:

1. Das Schwein fängt an zu graben (Überraschung).
2. Es will an den Trüffel (faktisches Bedürfnis).
3. Eigentlich wünscht es sich, einen Eber zu finden (emotionales Bedürfnis).

| Tool: Trüffelsuche | |
|---|---|
| Was es ist | Ein Analysewerkzeug für den sechsten Schritt im Design Thinking |
| Wobei es hilft | Einen Überblick über die Erkenntnisse aus der Empathie-Arbeit zu erlangen, diese zu filtern und strukturiert zu hinterfragen. |
| Anwendungsschritte | 1. Vorbereitung: Visualisierung (siehe unten) auf Din-A3-Blatt übertragen.<br>2. Empathie-Arbeit filtern: Die überraschenden Erkenntnisse, die mithilfe der Modi Interview, eigenes Ausprobieren und Beobachtung gesammelt wurden, auswählen und eintragen.<br>3. Interpretation zulassen: Jede Erkenntnis jeweils hinterfragen mit: Welches emotionale Bedürfnis verbirgt sich darunter? (Überraschende Erkenntnis: In einem Meeting verstummt Person XY und trägt nichts mehr bei, nachdem ihr Vorgesetzter sie öffentlich kritisiert hat. Bedürfnis: Wertschätzung). |
| Tipps und Tricks | ▪ Ein Bedürfnis ist keine Lösung, sondern eine Emotion (Aufgabenverteilung = Lösung / Zusammengehörigkeitsgefühl = Emotion).<br>▪ Eine Interpretation ist nicht notwendig, wenn das Bedürfnis während der Empathie-Modi bereits gehört, gesehen oder gefühlt wurde.<br>▪ Bei einer großen Anzahl von Erkenntnissen pro Modus (Kommissar, Journalist, Taucher) jeweils ein separates Din-A3-Blatt verwenden. |
| Zeit und Ressourcen | Für Anwendungsschritt 1) 3 Min., 2) 15 Min., 3) 1 Min. pro Erkenntnis<br>Gesamt: 30 bis 60 Min.<br>Din-A3-Papier, Stifte, Time Timer |

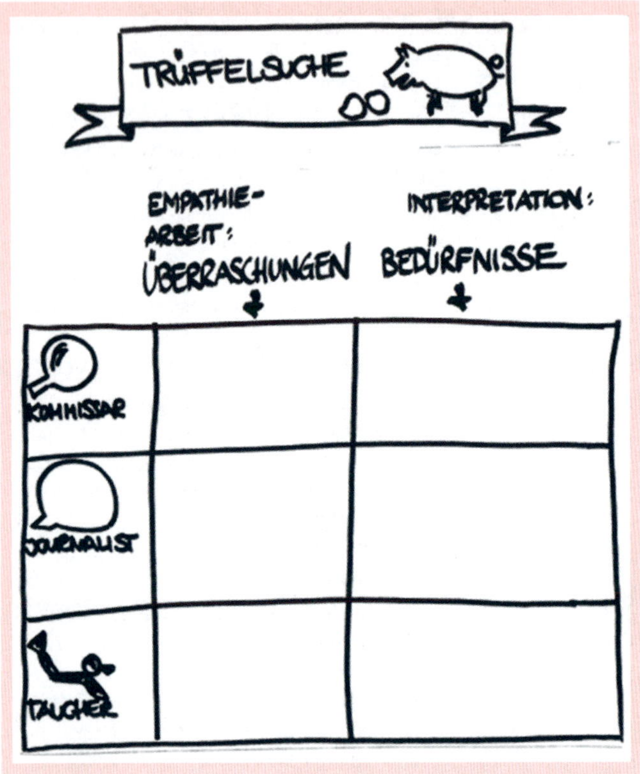


*Trüffelsuche*

## Tool für Schritt 6: Erkenntniskreuz

Was ist zu tun, wenn es zu viele Trüffel gibt? Wenn man z. B. zehn Bedürfnisse gefunden hat, die alle relevant sind? Oft ist die Fülle an Nutzerinformationen ein Blocker für Design-Thinking-Teams. Denn dann stellt sich die schwierige Frage: Wie können wir sicher sein, dass wir die richtige Erkenntnis als Basis für unsere Lösungssuche auswählen?

In solchen Situationen hilft das Erkenntniskreuz, in dem nur zwei simple Parameter eine Rolle spielen:

1. Was hat uns am meisten überrascht?
2. Und welches Bedürfnis hat die stärkste emotionale Verankerung?

| Tool: Erkenntniskreuz | |
|---|---|
| Was es ist | Ein Evaluationswerkzeug für den sechsten Schritt im Design Thinking |
| Wobei es hilft | Bedürfnisse (»Trüffel«) systematisch filtern und den »größten Trüffel« identifizieren. |
| Anwendungsschritte | 1. Vorbereitung: Visualisierung (siehe unten) auf Din-A3-Blatt übertragen.<br>2. Bedürfnisse anordnen: Die mithilfe des Werkzeugs »Trüffelsuche« identifizierten Bedürfnisse einzeln evaluieren und auf dem Erkenntniskreuz nach den Kriterien »Überraschung« und »Emotion« zuordnen.<br>3. Gewinner auswählen: Den »Trüffel« mit der höchsten Punktzahl (bestenfalls im Quadranten rechts oben) als Hauptbedürfnis markieren. |

| Tool: Erkenntniskreuz | |
|---|---|
| Tipps und Tricks | ▪ Sie können das Werkzeug noch effektiver nutzen, wenn Sie Post-its einsetzen: Schreiben Sie die Bedürfnisse jeweils auf die Zettelchen. Übertragen Sie sie dann in Beziehung zueinander auf das Werkzeug bzw. verschieben Sie sie bei Bedarf.<br>▪ Falls mehrere »Trüffel« dieselbe Punktzahl haben, priorisieren Sie sie mithilfe des zusätzlichen Kriteriums »Persönliche Motivation an diesem Trüffel weiterzuarbeiten«. |
| Zeit und Ressourcen | Für Anwendungsschritt 1) 1 Min., 2) 16 Min., 3) 3 Min.<br>Gesamt: 20 Min.<br>Din-A3-Papier, Stifte, Time Timer |

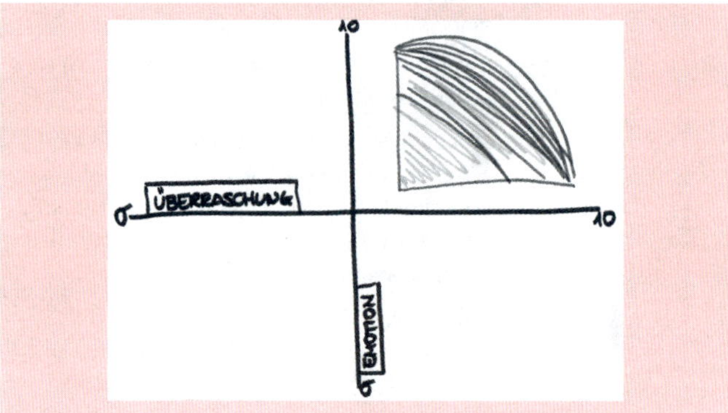


*Erkenntniskreuz*

## Tool für Schritt 6: Nutzerstandpunkt

Es geht später in der Teamarbeit nicht darum, wer recht oder unrecht hat und wessen Idee die bessere ist. Die Entscheidungsinstanz, die in der Teamarbeit die Regeln setzt, ist der Nutzer mit seinem Bedürfnis.

Welches Bedürfnis hat am meisten überrascht und ist so stark emotional verankert, dass es universelles Potenzial besitzt? Und welche Aufgabenstellung ergibt sich logisch aus diesem Bedürfnis? Wie sieht der Nutzer in der beschriebenen Situation aus? Um den exemplarischen Nutzer und sein Bedürfnis in der weiteren Arbeit immer präsent zu halten, wird diese »Persona« visualisiert. Dazu dient das sog. Sprungbrett. Es ist die hochkondensierte Synthese der Empathie-Arbeit und die Referenz für das Design Thinking Team.

Drei Komponenten bilden das Sprungbrett:

1. Der fiktive, aber realistisch beschriebene Nutzer mit Namen, Alter und themenspezifischem Charakterzug,
2. die überraschende Entdeckung eines emotionalen Bedürfnisses,
3. die Aufgabe, die wir uns als Design Thinking Team stellen, um das Bedürfnis zu beantworten. Hier steht noch keine Lösung, sondern die Frage, wie wir dem Nutzer helfen können, sein Bedürfnisziel zu erreichen.

| Tool: Nutzerstandpunkt | |
|---|---|
| Was es ist | Ein Konkretisierungswerkzeug für den sechsten Schritt im Design Thinking |
| Wobei es hilft | Das Hauptbedürfnis in einen konkreten Nutzerstandpunkt übersetzen und in eine Fragestellung für den Schritt 7 verwandeln. |
| Anwendungsschritte | **1.** Vorbereitung: Visualisierung (siehe unten) auf Din-A3-Blatt übertragen.<br>**2.** Nutzerprofil anlegen: Die Person, von der das im *Erkenntniskreuz* ausgewählte Hauptbedürfnis stammt, mit Namen, Alter, emotionaler Hauptcharakteristik und Jobfunktion beschreiben (Beispiel: Jana, 34 Jahre alte, ambitionierte Projektmanagerin).<br>**3.** Hauptbedürfnis schildern: Das im *Erkenntniskreuz* ausgewählte Hauptbedürfnis mithilfe einer Kontextbeschreibung sowie eines angestrebten Gefühls konkretisieren (Beispiel: Jana hat das Bedürfnis, sich während der Meetings wertgeschätzt zu fühlen). |

| Tool: Nutzerstandpunkt | |
|---|---|
| | **4.** Nutzerstandpunkt als Fragestellung: Aus dem Satz oben (siehe Nr. 3) eine Frage formulieren (Beispiel: Wie können wir Jana helfen, sich während der Meetings wertgeschätzt zu fühlen?)<br>**5.** Nutzer visualisieren: Die Vorlage mit für den Standpunkt relevanten Attributen ausmalen und anreichern (Beispiel: Jana hat immer mehrere Kommunikationsgeräte dabei – Laptop, zwei Handys und Diktiergerät –, um nichts zu verpassen und überall »dabei« zu sein.) |
| Tipps und Tricks | ▪ Der Nutzer darf auch anonymisiert werden und einen anderen Namen erhalten.<br>▪ Das Alter darf geschätzt werden, muss aber dann ebenfalls konkret angegeben sein (nicht: »zwischen 30 bis 35«, sondern: »33 Jahre«). |
| Zeit und Ressourcen | Für Anwendungsschritt 1) 2 Min., 2) 5 Min, 3) 5 Min., 4) 8 Min.<br>Gesamt: 20 Min.<br>Din-A3-Papier, Stifte, Time Timer |

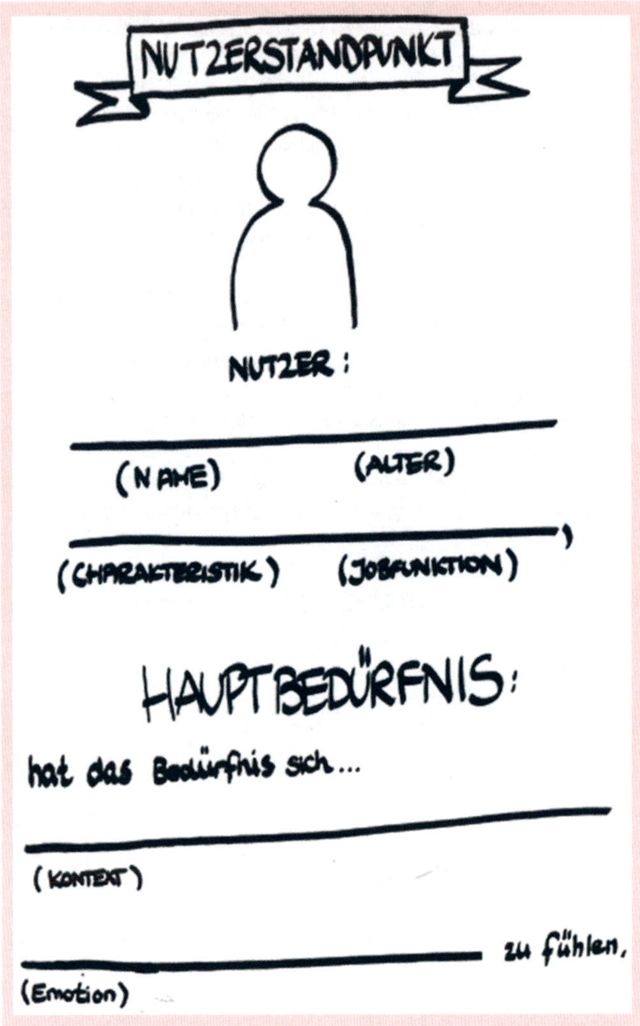
NUTZERSTANDPUNKT
NUTZER:
(NAME)
(ALTER)
(CHARAKTERISTIK)
(JOBFUNKTION)
HAUPTBEDÜRFNIS:
hat das Bedürfnis sich ...
(KONTEXT)
zu fühlen.
(Emotion)

*Nutzerstandpunkt*

# Das Prinzip »Lernend nach vorne gehen«

Design Thinker lassen sich von Rückschlägen nicht entmutigen. Ihr Credo: Je früher und schneller sie aus Erfahrungen lernen, desto besser geht es voran. Dieses Prinzip des »Lernend nach vorne Gehens« realisieren sie durch folgende Design-Thinking-Schritte:

7. Die Ideen entwickeln
8. Prototypen umsetzen
9. Testen und Iterieren
10. Die Wertschöpfung planen

## Möglichst früh und schnell lernen

»Schnell und oft scheitern« ist die im Design Thinking am meisten missverstandene Aufforderung. Nicht das Scheitern steht etwa im Fokus, sondern die Chance, möglichst früh Anhaltspunkte dafür zu sammeln, ob man sich auf dem richtigen Weg befindet – um entsprechend schnell die Richtung justieren zu können. Denn sonst entwickeln wir Lösungen, die zwar zum gesetzten Endtermin fertiggestellt sind, die aber leider keine Nutzer finden, weil sie an ihm vorbeientwickelt wurden.

»Früh und oft scheitern, um schneller erfolgreich zu sein«, bringt das Prinzip der Iteration, um das es hier geht, klarer auf den Punkt. Frühes, wiederholtes Probieren – Erkennen –Reagieren (die sog. PER-Strategie) sorgt dafür, dass es uns leichter fällt, einen Schritt zurückzugehen und das Gelernte zu verarbeiten. Und je früher wir lernen, wo die Reise hingeht, desto schneller können wir dann das Ziel auch erreichen.

Im Design-Thinking-Werkzeugkasten finden Sie die wichtigsten Hilfen, um schnell viele Ideen zu generieren, diese ohne viel Aufwand in testfähige Prototypen zu verwandeln, um von Ihren Nutzern zu lernen, was wirklich funktioniert und was nicht. So können Sie Ihre Energie bzw. Geld, Zeit und Motivation früh in die richtige Richtung investieren.

> Lernend nach vorne zu gehen bedeutet, Lösungen so früh und so oft wie möglich zu testen, um schnell ein umfassendes Wissen über den Wert der Lösung für den Nutzer zu entwickeln – bevor hohe Kosten anfallen und brennende Endtermine die Entscheidungen steuern.

# Schritt 7: Die Ideen entwickeln

Die drei am häufigsten genannten Vorurteile über Kreativität machen es Design-Thinking-Pionieren in Unternehmen nicht gerade leicht. Sie lauten:

1. Kreativität ist unwissenschaftlich.
2. Kreativität ist angeboren.
3. Kreativität ist schwierig.

Und trotz dieser Vorurteile wird »kreative Kompetenz« von Unternehmensberatern und Wissenschaftlern heute als eine der wichtigsten Führungskompetenzen der Zukunft bewertet.

Wie nähert sich der Design Thinker diesem Dilemma? Mit Präzision, Logik und ... einem Schuss Verwegenheit. Vor allem in der Ideenphase spielen Humor und Mut als Innovationswerkzeuge eine wichtige Rolle. In diesem Stadium geht es darum, die Hypothese zu einem Nutzerbedürfnis in konkrete Lösungen zu verwandeln, sich im Team gegenseitig zu inspirieren und möglichst viele Auswahlmöglichkeiten zu schaffen. Im Design-Thinking-Prozess befinden wir uns jetzt in einer divergenten Phase, d.h. in einem kreativen Arbeitsmodus, der möglichst viele Optionen schafft. Der Design-Thinking-Werkzeugkasten bietet Instrumente, die helfen, gezielt Kreativität auszulösen. Sie unterstützen uns dabei, erst Quantität und dann Qualität zu erzeugen, und zwar für jeden Menschen anwendbar und wiederholbar. Dabei legen Design Thinker eine einfache Definition von Kreativität zugrunde: Eine Idee ist nichts anderes als eine neue Kombination von bekannten Elementen. So werden die drei Motoren des kreativen Prozesses gestartet:

1. Inspiration durch das Nutzerbedürfnis,
2. Mixen und Verbinden in der Teamarbeit und
3. physische Manifestation durch Visualisierung und Dokumentation der Idee.

## Ricardos Brause – der Schritt 7

Nach der Entscheidung über das Ideensprungbrett traf sich das Team an seinem Barrel of Decisions in der Alt-Berliner Kneipe, um diesen Meilenstein zu feiern und erste Ideen zu entwickeln. Das fiel im Lokal, in dem die Gäste gerne Karten spielten, nicht weiter auf: Anstelle von Karten hatten alle drei Post-it-Blöcke dabei; der Tisch diente als Whiteboard für die ersten Ideen zur Frage: »Wie können wir Julia dabei helfen, ihre Gute-Laune-Erinnerung aus der Kindheit noch gezielter und wirkungsvoller gegen Müdigkeit einzusetzen?«

Jeder der Freunde beschrieb zunächst zwei bis drei Post-its mit eigenen Ideen. Dabei dienten die unterschiedlichen Dimensionen der Aufgabe als Ausgangspunkte: positive Kindheitserinnerung, gezielte und starke Wirkung. Schnell landeten die ersten Ideen auf der Tonne: Apfelkuchenduft-Tücher, Spielzeugspritzen mit Pfefferminz-Zitrone-Kondensat, Koffeinpflaster mit Tattoo-Design, Ohrstecher, die regelmäßig Vitamine in das Ohrläppchen injizieren, Aspirin plus Kokain. Jedes Post-it trug neben dem Namen der Idee eine kleine Zeichnung, denn die Innovatoren wussten: Wer seine Idee visualisiert, hat gute Chancen, dass sie überzeugt. In der zweiten Getränkerunde suchte sich jeder aus den Ideen der anderen diejenigen aus, die er am spannendsten fand. Martin schlug die sog. Sanchez-Methode zur Systematisierung der kollaborativen Team-Kreativität vor: »Fünf Minuten Sanchez, dann haben wir schon mal drei Konzepte und ein gutes Gefühl dafür, ob unser Ideenstandpunkt funktioniert.«

Ricardos Favorit war der Injektions-Ohrring. Er sah schon eine komplette Schmuckkollektion vor sich, die den menschlichen Energiepegel messen, bewerten und entsprechende Mikroinjektionen von Koffein, Vitamin C oder Walnussextrakt abgeben konnte. Nach weiteren kreativen 15 Minuten waren sich die Freunde einig: Die Aufgabe hatte genug Sprungkraft, damit »wilde« Ideen darauf entwickelt werden konnten – der beste Nährboden und eine tolle Inspiration für die konkrete Lösungsentwicklung. Nach drei weiteren Brainstormings am darauffolgenden Wochenende qualifizierte sich schließlich eine Idee: »Das ist die Antwort auf Julias Bedürfnis!« Ein Produkt dieser Art existiert so noch nicht, und wahrscheinlich bekommen wir es auch einfach umgesetzt, weil es Bekanntes auf neue Art kombiniert: Brausepulver in kleinen Portionstüten mit Koffein-Zusatz. Koffein war bereits in vielen Produkten enthalten, Brausepulver ebenso – da konnte die Produktion eines Koffein-Pulvers, selbst für Lebensmittel-Amateure, nicht so schwierig sein. Die erste wirkliche »Hackerbrause« war geboren, und zwar aus dem historischen Vorbild der Schleckbrause heraus inspiriert: keine Limonade oder sonstige Flüssigkeit, sondern ein leicht zu transportierendes und präzise dosierbares Pulver – in Anlehnung an das Kinderbrausepulver aus den 1980er Jahren. Der Name war schnell gefunden: Ricardos Brause. Das klang ein wenig südländisch und international und damit besser als Hannes Brause oder Martins Brause. Gleichzeitig hörte es sich modern-urban und »irgendwie cool« an, wie die Freundin von Hannes meinte.

Die Ideen wurden in einem Ideendokument gesichert, so dass alle wesentlichen Aspekte auf einen Blick miteinander in Beziehung gebracht werden konnten: das Nutzerbedürfnis, die daraus resultierende Aufgabe und die Lösungsbeschreibung mit der Spezifizierung von Kernfunktion, faktischem und emotionalem Wert für den Nutzer sowie der Einschätzung des Wertes für weitere Nutzer. Ricardos Brause würde nicht nur Müttern von kleinen Kindern helfen, am Tag wach und gut gelaunt zu bleiben. Auch IT-Entwickler, Partygänger, Taxifahrer, Ärzte und überarbeitete Manager würden die Brause lieben: ein praktischer und legaler Wachmacher, der immer und überall wohl dosiert nach Bedarf eingenommen werden kann – und der gleichzeitig die Erinnerung an Kindersüßigkeiten mit maximaler Hallo-Wach-Leistung verbindet. Das Ideendokument war fortan die Basis für alle Weiterentwicklungen, um Veränderungen zu dokumentieren und ebenso Erweiterungen oder Spezifizierungen der Nutzenaspekte oder Nutzergruppen.

## Tool für Schritt 7: Ideen-Drehbuch

Es gibt mit Sicherheit mehrere hundert Kreativitätstechniken, die auch vermeintlich »unkreativen« Menschen helfen, auf gute Ideen zu kommen. Design-Thinking-Praktiker nutzen die Techniken, die ihnen jeweils am meisten liegen. Am besten ist es, man probiert ein paar aus.

Wichtiger als die konkrete Technik ist jedoch der Aufbau eines Brainstormings nach einem einfachen Drehbuch. Um das volle kreative Potenzial der Teammitglieder freizusetzen, sollten alle Kreativitätsquellen genutzt werden:

1. die individuelle Kreativität,
2. die kooperative Kreativität und
3. die körperliche Kreativität, die durch Bewegung entsteht.

Die drei Kreativtechniken »Ideenmotor«, »Perspektivwechsler« und die Sanchez-Methode bilden miteinander eine wirkstarke Kombination, die alle diese Quellen vereint – mehr brauchen Sie nicht für ein ergebnisreiches Brainstorming. Die Sanchez-Methode wurde übrigens von einem spanischen Design-Thinking-Team erdacht.

Die Denkleistung wird durch körperliche Aktivität generell verbessert. Beim Gehen hat man mehr kreative Ideen als im Sitzen. Diese oft berichtete Erfahrung bestätigt jetzt eine amerikanische Studie. Selbst das gemächliche Gehen auf einem Laufband fördert die Kreativität, wenn auch weniger stark als ein Spaziergang im Freien (Marily Oppezzo, Daniel L. Schwartz, »Give Your Ideas Some Legs: The Positive Effect of Walking on

Creative Thinking«, Journal of Experimental Psychology: Learning, Memory and Cognition, 2014).

| Tool: Ideen-Drehbuch | |
|---|---|
| Was es ist | Ein Inspirationswerkzeug für den siebten Schritt im Design Thinking |
| Wobei es hilft | Strukturiert die Phase der Ideenentwicklung. Die drei relevanten Techniken schaffen in der Kombination die Basis für viele unterschiedliche Ideen. |
| Anwendungsschritte | 1. Vorbereitung: Die verschiedenen Visualisierungen (siehe unten) auf drei Din-A3-Blätter übertragen. Während der gesamten Phase das folgende Regelwerk beachten:<br>▪ Auf den Ideen anderer aufbauen, d. h. jede vorher genannte Idee als Inspiration nehmen (Idee: Keine Meetings am Freitag; darauf aufgebaut: Wir arbeiten freitags alle im Coffee Shop).<br>▪ Mut zu wilden Ideen, d. h. die Machbarkeit zunächst ausklammern und überlegen, was in einer Welt ohne jegliche Beschränkung möglich wäre.<br>▪ Erst Quantität, dann Qualität, d. h. erst einmal möglichst viele Ideen sammeln, um sie später in der Sanchez-Methode konzeptionell zu durchdenken.<br>▪ Nutzerzentriert denken, d. h. stets den Nutzer mit seinen Bedürfnissen im Auge behalten.<br>▪ Visuell arbeiten, d. h. jede Idee mit einer Skizze versehen. So wird die Idee noch klarer und besser kommunizierbar.<br>▪ Kritik zurückstellen, d. h. andere Ideen und auch die eigenen nicht mit Killerphrasen, wie »Gibt es schon«, oder »Geht eh nicht« kritisieren, sondern jede Idee zulassen und niederschreiben. |

**Tool: Ideen-Drehbuch**

2. Ideen finden mit dem Ideenmotor: Den Nutzerstandpunkt als Fragestellung (Wie können wir ...?) auf ein Blatt übertragen. Das Blatt sichtbar auf einen Tisch legen. Den Tisch so stellen, dass es genügend Platz gibt darum herum zu laufen. Nun 10 Mal um den Tisch laufen und nach jeder Runde eine Idee aufschreiben. Die Umrundungen jeweils dafür nutzen, um laufend nachzudenken, sich von Objekten im Raum inspirieren zu lassen und schließlich eine neue Idee zu finden.
3. Ideen finden mit dem Perspektivwechsler: Den Nutzerstandpunkt als Fragestellung (»Wie können wir ...?«) auf ein Blatt übertragen. Drei Analogien finden, die das Bedürfnis inhaltlich verstärken (Beispiel: Wie können wir Jana helfen, sich während der Meetings wertgeschätzt zu fühlen [1] so, als wäre sie eine Königin, die von ihren Untertanen verehrt wird. / [2] so, als wäre sie der Olympia-Rekordbrecher im 100-Meter-Sprint. / [3] ...). Pro Analogie fünf Ideen finden und in die Tabelle eintragen.
4. Die Sanchez-Methode: Aus der gesamten Ideensammlung fünf Ideen intuitiv auswählen und in die erste Zeile übertragen. Nun jede Idee aus Nutzersicht in fünf Schritten konkretisieren (Idee: Eintrittskarte für Meetings. 1. Einladung erfolgt per Mail; 2. Nutzer öffnet und liest Managementsummary; 3. Nutzer beantwortet fünf Fragen zum Summary in Form von Quiz; 4. Wurden die Fragen richtig beantwortet, erhält der Nutzer die offizielle Einladung; 5. Nutzer druckt diese aus und nimmt sie mit zum Meeting).

| Tool: Ideen-Drehbuch | |
|---|---|
| Tipps und Tricks | ▪ Vervielfachen Sie die Vorlagen für die Ideenfindung je nach Teilnehmerzahl oder nutzen Sie Post-its.<br>▪ Für Ideenmotor: Gehen Sie konsequent gleichmäßig.<br>▪ Für Perspektivwechsler: Finden Sie möglichst verschiedenartige Analogien (Beispiel: nicht Königin und Prinzessin als Varianten).<br>▪ Für Sanchez-Methode: Bei mehreren Teammitgliedern wählen Sie so viele Ideen, wie Personen anwesend sind. Teilen Sie das Blatt so, dass jeder eine Idee mit fünf leeren Kästchen vor sich hat. Jeder beginnt für seine Idee bei Schritt 1. Danach gibt jeder sein Blatt im Uhrzeigersinn an den Nachbarn und jeder baut still und für sich auf der neuen Idee auf. Diesen Prozess so oft wiederholen, bis alle Kästchen gefüllt sind. Dann die Ideen miteinander teilen. |

| Tool: Ideen-Drehbuch | |
|---|---|
| Zeit und Ressourcen | Für Anwendungsschritt 1) 5 Min.,<br>2) Ideenmotor: 10 Runden × 30 Sek.<br>= 5 Min.<br>3) Perspektivwechsler: Analogien 5 Min. + 3 × 5 Min. Ideen finden<br>= 20 Min.<br>4) Sanchez-Methode: 5 Ideen auswählen und übertragen: 5 Min. + 5 × 1 Min. darauf aufbauen<br>= 10 Min.<br>Gesamt = 40 Min.<br>Din-A3-Papier, Stifte, Time Timer, Tisch |

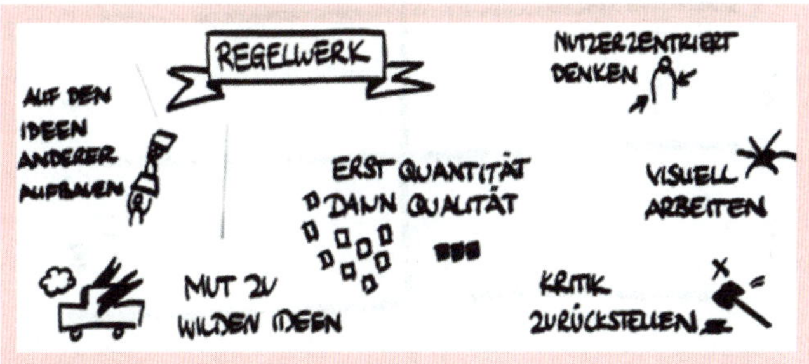


*Regelwerk*

*Ideenmotor*

*Perspektivwechsler*

*Die Sanchez-Methode*

## Tool für Schritt 7: Auswahl-Ampel

Verlassen Sie sich darauf – Sie werden mit einer radikalen, stark basierend auf dem Nutzerbedürfnis entwickelten Lösung viel mehr über den Nutzer lernen als mit einer Standardlösung, die keinem weh tut. Und exakt darum geht es bei der Ideenentwicklung: Fakten zu schaffen, die später als Prototypen umgesetzt und getestet werden können. Haben Sie also Mut zu radikalen Ideen, denn nur diese werden Reaktionen hervorrufen, aus denen Sie für den nächsten Schritt lernen können.

Für Design Thinker ist eine Idee die Antwort auf ein hypothetisches Nutzerbedürfnis. Deshalb geht es bei der Auswahl aus den Ergebnissen der Kreativ-Session nicht allein um die technische Umsetzbarkeit. Meistens sagt uns unser Bauchgefühl schneller als die rationalen Bewertungskriterien, welche Idee Sensationswert haben kann. Drei Kriterien helfen, – nach der Bauchentscheidung – den Ideen-Favoriten zu identifizieren:

- Radikalität,
- Nutzerzentriertheit und
- einfache Umsetzung.

Sie sind im Tool »Auswahl-Ampel« berücksichtigt.

| Tool: Auswahl-Ampel | |
|---|---|
| Was es ist | Ein Selektionswerkzeug für den siebten Schritt im Design Thinking |
| Wobei es hilft | Strukturiert die Ideenauswahl und berücksichtigt dabei unterschiedliche wichtige Kriterien. |
| Anwendungsschritte | 1. Farbliche Zuordnung: Mithilfe von Stiften oder farbigen Klebepunkten die Ideen in Kategorien einteilen. Rot steht für »am radikalsten«, gelb für »am meisten vom Nutzer geliebt« und grün für »am schnellsten umsetzbar«.<br>2. Ideen auswählen: Die fünf konkretisierten Ideen auf dem Sanchez-Sheet bewerten. Jede Kategorie zweimal vergeben (entweder zwei Punkte kleben, oder mit dem farbigen Stift markieren). Die Idee mit den meisten Punkten gewinnt. |
| Tipps und Tricks | ▪ Als Idee zählen jeweils die fünf Schritte.<br>▪ Gibt es eine Pattsituation nach der Auswahl, gewinnt die Idee mit den meisten roten Punkten.<br>▪ Nach der Evaluierung dürfen einzelne Komponenten von Ideen auch miteinander kombiniert werden. |
| Zeit und Ressourcen | 5 Min.<br>3 farbige Stifte oder Klebepunkte, Time Timer |

## Tool für Schritt 7: Ideendokument

Nichts ist so stark wie eine Idee, deren Zeit gekommen ist, erkannte bereits der französische Schriftsteller Victor Hugo zu seiner Zeit. Und nichts ist so flüchtig wie eine gute Idee, die nicht dokumentiert wird. Damit Sie auch Tage bzw. Wochen nach dem Brainstorming Ihr Konzept rekapitulieren und an andere kommunizieren können, muss es notiert werden. Dokumentieren Sie auf jeden Fall folgende Elemente:

- Nutzerbedürfnis,
- Lösungsname,
- Kernfunktionalität,
- emotionaler Benefit und
- Skalierungsfähigkeit.

Dieses Dokument begleitet Ihr Projekt durch alle Iterationsschleifen. Es kann und sollte immer wieder an die Ergebnisse angeglichen werden. So können Sie auch im Nachhinein sehr leicht nachvollziehen, welche Faktoren sich im Verlauf des Prototypisierens und Testens verändert haben.

| Tool: Ideendokument | |
|---|---|
| Was es ist | Ein Dokumentationswerkzeug für den siebten Schritt im Design Thinking |
| Wobei es hilft | Zeigt auf, aus welchem Problemfeld sich die Idee entwickelt hat; konkretisiert diese im späteren Verlauf. |
| Anwendungsschritte | **1.** Vorbereitung: Visualisierung (siehe unten) auf Din-A3-Blatt übertragen.<br>**2.** Problemfeld dokumentieren: Ursprünglichen Design-Auftrag (»Neu-Design des ...«) und den Nutzerstandpunkt auf der linken Seite eintragen.<br>**3.** Ideenkonzept beschreiben: Der Idee einen Namen geben (Beispiel: Eintrittskarte). Beschreiben, was es ist (Beispiel: eine interaktive App), in drei Stichpunkten notieren, was es tut (Funktion) und welchen emotionalen Mehrwert das bringt. Außerdem drei weitere Nutzergruppen festlegen, für die diese Idee noch interessant wäre (Skalierbarkeit). |
| Tipps und Tricks | Wird nach Dokumentation des Problemfeldes (rechte Seite) klar, dass die Idee keine Antwort auf das Nutzerbedürfnis ist, sollten Sie die Idee entsprechend anpassen. |
| Zeit und Ressourcen | Für Anwendungsschritt 1) 5 Min., 2) 5 Min., 3) 10 Min.<br>Gesamt: 20 Min.<br>Din-A3-Papier, Stifte, Time Timer |

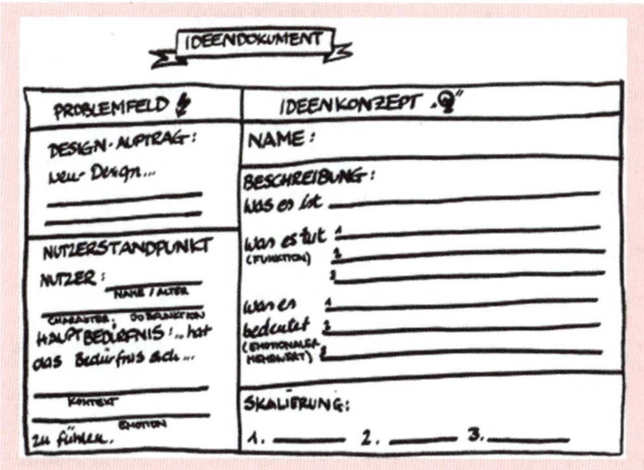


*Ideendokument*

## Schritt 8: Prototypen umsetzen

Ein Prototyp wird im Design Thinking nicht als die Vorversion der perfekten finalen Lösung gesehen, sondern in seiner Funktion sehr viel weiter gefasst. Das Design-Thinking-Forscherteam am Hasso-Plattner-Institut in Potsdam hat insgesamt 36 Prototypen-Arten identifiziert, die von Praktikern für die unterschiedlichen Aufgaben im Design-Thinking-Prozess genutzt werden. Sie reichen vom Papiermodell über den »Brief an die Großmutter« bis hin zum »Wizard of Oz«, einer realitätsgetreuen Rollenspiel-Simulation.

Einfache Arbeitsmittel bilden die Basis für das »Denken in Prototypen«. Egal, ob der Design Thinker nur Papier und Stift, ein paar Post-its oder eine voll ausgestattete Materialwerkstatt hat: Prototypen lassen sich mit jedem Material und in jeder Situation sehr einfach herstellen. Wichtig für die Wahl des Prototypen ist die Funktion, die dieser übernehmen soll:

- Geht es darum, die Idee im Team klarzuziehen?
- Soll das Konzept an Außenstehende vermittelt werden?
- Oder muss ein bestimmter Aspekt des Konzepts genauer getestet werden?

Prototypisieren erweitert die im Design Thinking so elementare visuelle Kommunikation. Es ist eine Sprache, mit deren Hilfe Ideen schnell und klar vermittelt und getestet werden können. Besonders in Bereichen, die stark von Komplexität und Abstraktion geprägt sind – wie z. B. in der Strategie- oder Softwareentwicklung – wird das Prototypisieren gerne verwendet, um Inhalte greifbarer zu machen und die Nutzerzentriertheit zu unterstützen.

Der Design-Thinking-Werkzeugkasten hält drei schnell und einfach umzusetzende Arten von Prototypen für den sofortigen und flexiblen Einsatz bereit:

1. die Proto-Impro,
2. den Comic und
3. die Flugzeugkontrolle.

## Ricardos Brause – der Schritt 8

Die ersten Prototypen machte das Team selbst in der Küche. Nach Experimenten mit Brausepulver und Koffein kam der Moment, zu dem das Team in die Real-Produktion einsteigen musste, um ein testfähiges sog. Minimum Viable Product (MVP) zu erhalten. Das Testen der Prototypen im Eigenbau war an seine Grenzen geraten, weil sich außer den Dreien keine Testperson fand, die bereit war, ein selbstgemachtes weißes Pulver mit Wachmachereffekt einfach mal so zu probieren. Auch enge Freunde hatten Bedenken.

Die kritischen Funktionen, also die Produkteigenschaften, die funktionieren mussten, damit die Idee »fliegen« konnte, hatte das Team wie folgt definiert:

1. der perfekte Wachmacher-Effekt: klar wahrnehmbar, aber nicht zu extrem.
2. das prickelnde an die Kindheit erinnernde Brause-im-Mund-Gefühl.
3. der nicht zu saure, aber auch nicht zu gewöhnliche Geschmack.

»Das können Sie in Deutschland vergessen. Das produziert Ihnen keiner!« Ein Nahrungsmittelproduzent klärte Hannes darüber auf, dass Koffein hierzulande nur in flüssiger Form verabreicht werden darf, nicht in Pulverform – um eine Gesundheitsgefährdung wegen Überdosierung zu vermeiden.

Damit hatte das Team seinen ersten Tiefpunkt erreicht. »Dann ist die Sache hier am Ende, das Ding wird nicht funktionieren! Lasst uns jetzt aufhören. Wir haben noch nicht wirklich Geld investiert. Der Schaden ist nicht groß.« Martin und Hannes wollten das Projekt stoppen, bevor die Kosten zu hoch wurden. Ricardo war anderer Meinung. Ricardos Brause hatte sich in seinem Kopf schon fest als Vision verankert. So einfach ad acta legen konnte er sie nicht. »Wir haben gesagt, wir wollen DARING sein. Das heißt doch auch, dass wir nicht einfach aufgeben. Wenn Koffein nicht geht – welche Wachmacher hatten denn noch gut funktioniert?« Das Team ging zurück in die Auswertung der Empathie-Phase und schaute sich alle Rechercheergebnisse noch einmal genau an. »Guaraná. Du hattest doch in deinem 52-Stunden-Experiment auch Guaraná genommen, und hier steht, es hatte die angenehmste Wirkung ... ohne Nebeneffekte.«

»Klar, Guaraná können Sie im Pulver beimischen, kein Problem«, sagte der Nahrungsmittelhersteller. So wurde der zweite Prototyp von Ricardos Brause und damit das erste echte Produkt auf Basis von Guaraná produziert, in kleiner Auflage, mit Kosten, die von den Dreien gemeinsam gestemmt werden konnten.

Das Verpackungsdesign gestaltete Martin selbst. Er wählte ein junges Design, das sich an der visuellen Sprache der Digitalen Generation orientierte. Er adressierte damit die jungen Eltern wie auch die Hacker gleichermaßen und gab dem eher esoterisch anmutenden Guaraná einen modernen Touch.

Im Online-Vertrieb brauchte Ricardos Brause sechs Monate, um den Return on Investment zu erreichen – und entsprechend umfassendes Feedback von den Konsumenten. Sie hatten ihr zu Beginn des Projektes formuliertes Ziel schon vor der Zeit erreicht. Das wurde gefeiert: Mit dem Pokal für die Entscheidung, anstelle von Koffein das teurere Guaraná zu integrieren, und mit vielen Fünf-Euro-Scheinen, die im Lauf des Abends in das Spaß-Schwein kamen.

## Tool für Schritt 8: Proto-Impro

Auch wenn die Idee bereits auf dem Papier steht, fällt es trotzdem oft schwer, sich an die Details zu wagen. Vieles ist noch unklar, diffus oder wird von den Teammitgliedern ganz unterschiedlich interpretiert. Hier hilft die Proto-Impro(visation). Sie wirkt mit den Hebelkräften »Zeitdruck« und »Aktivität«. Die Diskussion wird gestoppt und die Idee wird im Rollenspiel in der Anwendung simuliert. Aus der Improvisation entstehen dort Lösungen, wo vorher Lücken waren. Zudem bringt sie wichtige Fragen zum Vorschein, die vorher nicht klar waren. Diese können dann in der nächsten Stufe weiter bearbeitet werden.

| Tool: Proto-Impro | |
|---|---|
| Was es ist | Ein Improvisationswerkzeug für den achten Schritt im Design Thinking |
| Wobei es hilft | Ohne Aufwand und spontan Klarheit über das Ideenkonzept erhalten. |
| Anwendungsschritte | 1. Improvisation vorbereiten: Mithilfe des Ideendokuments die Idee in Erinnerung rufen und Rollen für eine spontane Darstellung der Idee verteilen. Der Nutzer ist die Hauptfigur und -anhaltspunkt.<br>2. Improvisation durchführen: Die Idee aus Nutzersicht und aus dem Stegreif spielen. Gegebenenfalls Objekte und räumliche Begebenheiten miteinbeziehen. |
| Tipps und Tricks | ▪ Entwickeln Sie die Idee im Spiel weiter.<br>▪ Stoppen Sie das Spiel nicht, um zu diskutieren. Lassen Sie es weiterlaufen. Bleiben Sie in der Rolle.<br>▪ Spielen Sie möglichst detailliert und spezifisch. |
| Zeit und Ressourcen | Für Anwendungsschritt 1) 2 Min., 2) 3 Min.<br>Gesamt: 5 Min.<br>Time Timer |

## Tool für Schritt 8: Comic

Ein klassischer Prototyp für erdachte Realität ist der Comic. Weil ein Comic schnell und einfach »konsumierbar« ist, hat er einen schlechten Ruf. Genau diese leichte Konsumierbarkeit ist es jedoch, die ihn für Design Thinker zu einem perfekten Werkzeug macht. Der Comic-Prototyp besteht nur aus wenigen Szenen, die mit einfachen Strichen gezeichnet werden, maximal aus fünf: Zeichnen Sie den Nutzer, sein Bedürfnis bzw. Problem, die Lösung, die Anwendungssituation und den wichtigsten Mehrwert für den Nutzer – schon steht die Story. Dank der Visualisierung kann das Konzept schnell erklärt werden. Der Comic kann unterstützend in der Testsituation eingesetzt werden.

| **Tool: Comic** | |
|---|---|
| Was es ist | Ein visuelles Werkzeug für den achten Schritt im Design Thinking |
| Wobei es hilft | Die Idee in fünf Szenen aus Nutzersicht ganzheitlich und detailliert zu skizzieren oder im Prozess des Zeichnens (weiter) zu entwickeln. |
| Anwendungsschritte | 1. Vorbereitung: Fünf Din-A4-Blätter nebeneinanderlegen oder -hängen.<br>2. Comic zeichnen: Die Details der ausgewählten Idee skizzieren. Dafür die in der *Sanchez-Methode* detaillierte Ausführung in fünf Schritten als Vorlage für die Szenen nutzen. Der Nutzer ist der Held, der in jeder Szene auftaucht. In jeder Szene sollte klar erkennbar sein, wo sich der Nutzer befindet, was er macht bzw. was passiert und mit wem oder womit er interagiert. |
| Tipps und Tricks | Zeichnen Sie eventuell die fünf Schritte zunächst auf Post-its oder auf Schmierpapier vor. |
| Zeit und Ressourcen | 30 Min.<br>Din-A4-Papier, Stifte, Time Timer |

## Tool für Schritt 8: Flugzeugkontrolle

»Was MUSS funktionieren, damit die Idee fliegt?« Das ist die Frage nach den Teilaspekten des Lösungskonzeptes, die so wichtig sind, dass sie ein Make-or-Break-Faktor sind. Sie sollten zusammen mit dem Gesamtkonzept (als Hilfe kann der Comic zur Erläuterung verwendet werden) in einem Nutzertest in den Fokus gerückt werden. Dazu sollte eine greifbare Umsetzung produziert werden, mit der der Nutzer interagieren kann.

**BEISPIEL**

Ist die Idee z.B. ein Team-Video, das mit jedem neuen Mitarbeiter fortgesetzt wird, so kann mit der Handy-Kamera im Rollenspiel die Realität ganz einfach erlebbar gemacht werden. Der kritische Faktor, der hier gleichzeitig getestet wird: Hat der neue Mitarbeiter ein Problem damit, gefilmt zu werden?

| Tool: Flugzeugkontrolle | |
|---|---|
| Was es ist | Ein Analysewerkzeug für den achten Schritt im Design Thinking |
| Wobei es hilft | Macht die Bestandteile einer Idee sichtbar und ermittelt, welche in einen testbaren Prototypen verwandelt werden müssen. |
| Anwendungsschritte | 1. Vorbereitung: Visualisierung (siehe unten) auf Din-A3-Blatt übertragen.<br>2. Idee sezieren: Was muss aus Nutzersicht funktionieren, damit die Idee fliegt? Alle Antworten auf diese Frage in Form von Überschriften auf Papierschnipseln oder Post-its sammeln (Beispiele: App muss intuitiv sein, Service muss sofortigen Mehrwert erkennen lassen). |

| Tool: Flugzeugkontrolle | |
|---|---|
| | **3.** Flugzeugkontrolle durchführen: Die Zettel auf dem Flugzeugkörper auf einer Skala 0 (am unteren Ende des Flugzeugs) bis 10 (im Cockpit für die größte Dringlichkeit) priorisieren.<br>**4.** Prototypen basteln: Zwei Bestandteile, die am höchsten platziert wurden, jeweils auf die Tragfläche des Flugzeugs kleben. Damit werden diese als tragende Bestandteile identifiziert und deren Wichtigkeit manifestiert. Beide Bestandteile als Prototyp mit zur Verfügung stehenden Bastelmaterialien umsetzen. Wenn Zeit und Ressourcen vorhanden sind, auch die Bestandteile, die tiefer eingeordnet wurden, nach und nach prototypisch umsetzen und später testen. |
| Tipps und Tricks | Prototypen entwickeln:<br>▪ Ist der Bestandteil ein Produkt, dann Lego oder Papier/Pappe bzw. andere einfache Bastelmaterialien nutzen.<br>▪ Ist der Bestandteil ein Service, die einzelnen Schritte ebenfalls wie ein Produkt prototypisch umsetzen und ähnlich der *Proto-Impro* mit Nutzerinteraktion durchspielen. |
| Zeit und Ressourcen | Für Anwendungsschritt 1) 3 Min., 2 bis 3) 12 Min., 4) 30 Min.<br>Gesamt: 45 Min.<br>Din-A4-Papier, Stifte, Time Timer |

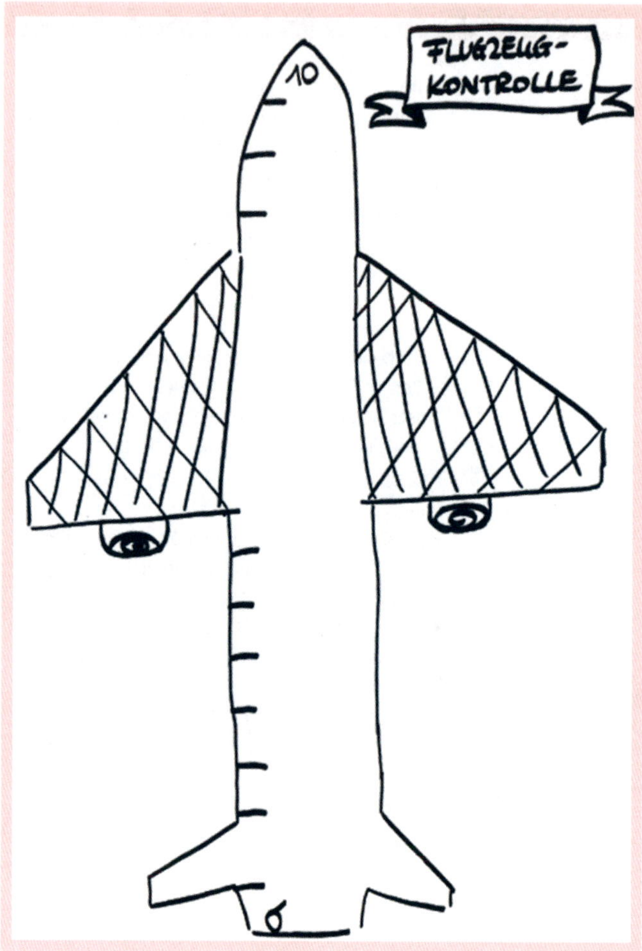


*Flugzeugkontrolle*

## Schritt 9: Testen und Iterieren

Wann kaufen Sie lieber Wein? Wenn der Weinhändler Ihnen die Flasche wortreich anpreist oder wenn Sie ein Gläschen probieren können? Sie sehen, riechen, schmecken und können danach viel besser beschreiben, was Sie an dem Wein mögen und was nicht. Was es wiederum für den Händler viel einfacher macht, genau das Produkt nach Ihrem Geschmack anzubieten.

Beim Testen eines Lösungskonzepts ist es so ähnlich wie bei der Weinverkostung: Es geht um das Ausprobieren. Prototypen sind die optimalen Lernobjekte für den Design Thinker. Sie machen es dem Nutzer leicht, sich in die Verwendungssituation hineinzuversetzen, etwas in die Hand zu nehmen, es zu manipulieren und auf verschiedene Optionen aktiv zu reagieren. Im Grunde ist das Testen und Verbessern vertiefende Empathie-Arbeit. Der Design Thinker beobachtet den Nutzer und fragt sich: Stimmt meine Annahme über das Nutzerbedürfnis? Und funktioniert die Lösung?

So sehr wir uns wünschen, auf solche Tests ein positives Feedback zu erhalten – wir lernen mehr aus den kritischen Reaktionen und spontanen Ideen des Nutzers.

**BEISPIEL**

Ein potenzieller neuer Mitarbeiter reagierte im Test einer neuen Idee zur Nachwuchskräfte-Akquisition wie folgt: »Eine Start-up-Safari finde ich gut – aber wieso denn nach Kalifornien? Wir haben so viele Start-ups in der eigenen Stadt. Die werden nicht durch Millionen Dollar Fördergelder unterstützt, sondern müssen viel härter arbeiten, um sich zu behaupten – von denen können wir wirklich lernen.«

Mit derlei Feedback verändert sich eine Idee und wird sogar noch leichter umsetzbar. Im Design-Thinking-Werkzeugkasten findet sich alles für eine gute Planung, Durchführung und Dokumentation des Testings.

## Ricardos Brause – der Schritt 9

Die drei Freunde durchliefen mit Ricardos Brause insgesamt drei wichtige Testphasen:

1. erste Tests mit der Brause-Eigenproduktion,
2. Tests mit dem ersten echten Produkt mit Markennamen und Verpackung am Markt,
3. Test des Relaunches.

Was lernte das Team auf seinem Weg?

- Es hatte sich gelohnt, den Mut für die Investition in die erste Produktion aufzubringen und nicht aufzugeben, als die erste Hürde (kein Koffein in Pulverform) auftauchte. Die Drei waren ihrer Neugierde treu geblieben und zurück in die Erkenntnisse der Recherchephase gegangen, um bei den Nutzererlebnissen Inspiration für eine machbare Lösung zu suchen. Daraus leiteten die Freunde die erste Leitlinie für ihre weitere Arbeit ab.

> **Leitlinie Nr. 1:** Wenn du etwas auf die Straße bekommen willst, gib nicht beim ersten Stolperstein auf. Du musst dranbleiben!

- Je fokussierter ihre Idee auf einem relevanten Nutzerwert entwickelt war, desto stärker war die Autodynamik der Verbreitung: Sämtliche Marketingstrategien und Branding-Regeln konnten den starken Hebeleffekt in der Ricardos-Brause-Community nicht erklären. Die Nutzer hatten – trotz der anfänglichen geschmacklichen Unzulänglichkeiten – einfach Spaß am Produkterlebnis und verbreiteten den »Insider-Tipp« selbst. Keinerlei Effekt hingegen hatten Instrumente aus dem Online Marketing gezeigt. Daraus entstand die zweite Erkenntnis, die sich das Team für die Zukunft merken wollte.

> **Leitlinie Nr. 2:** Baue auf das emotionale Bedürfnis einer starken Nutzer-Community. Vertraue deinen Fans.

Alles lief so gut, bis ... die Katastrophe kam, und zwar in Form eines Briefes. Der Briefkopf der Anwaltskanzlei, dem Absender des Schreibens, füllte die ganze erste Seite. Auf der zweiten Seite stand in fetten Lettern »Abmahnung«. Ein großer Getränke- und Nahrungsmittelhersteller hatte die Kanzlei beauftragt, die weitere Vermarktung von Ricardos Brause zu untersagen. Als Grund wurde die Namensähnlichkeit mit einer der eigenen Marken angegeben.

Am Barrel of Decisions ging es nun um die Entscheidung: alles stoppen oder sich auf den Rechtsstreit einlassen und kämpfen? Die nötige Neuinvestition lag in Zahlen auf dem Tisch. Hannes ging aus privaten Gründen von Bord. Ricardo und Martin beschlossen weiterzumachen. Die Nacht wurde lang und im Spaß-Schwein landeten einige Fünf-Euro-Scheine.

Das Duo entschied sich für einen Relaunch. Außer der Basis-Rezeptur musste alles neu entwickelt werden: Name, Positionierung und Verpackungsdesign.

Der Auftrag für das Packungsdesign wurde dieses Mal via Crowddesign-Plattform vergeben. Ricardo und Martin definierten dort ihre Anforderungen und wählten dann aus den Angeboten der Designer aus, die für das gesetzte Budget einen Entwurf liefern wollten. Damit der Designer den Auftrag auch richtig verstand, verwendete das Team die Prototyp-Art »Comic«, mit dem sie die Verwendung des Produktes visualisierten. Zusammen mit dem Ideendokument war dem Designer schnell klar, worauf es bei der Verpackung ankam. Nach einer Woche stand der Entwurf. Nach drei weiteren Wochen und diversen Feedbackschleifen mit der bestehenden Fan- und Community- Basis kam »Guaraná Brause« auf den Markt – mit neuem Design, neuen Geschmacksvarianten und neuem Slogan: »Das Leben ist kurz. Entscheide selbst, wann du wach sein willst.« Aus dem Testing der Relaunch Version lernten die Partner die wichtigste Lektion für die Zukunft ihrer Brause: Immer dann, wenn sie ihre Entstehungsgeschichte erzählten, gewannen sie neue Fans und konnten Partner für ihr Vorhaben gewinnen. Daraus leiteten sie die dritte Erkenntnis und Leitlinie für ihr Unternehmen ab.

> **Leitlinie Nr. 3:** Du brauchst eine gute Geschichte. Eine Idee ohne Geschichte ist wie ein Mensch ohne Gefühle.

## Tool für Schritt 9: Testplan

Wie holt man aus dem Testen das Maximum für die Weiterentwicklung des Konzepts heraus? Das Wichtigste ist eine gute Vorbereitung, denn das Lernen aus dem Testen funktioniert dann am besten, wenn im Vorfeld alles Planbare geplant wird.

Das Ideendokument liefert alle wichtigen Testelemente: Aus dem Mehrwert leiten sich die Basisfragen für den Test ab. Wenn Sie diese verinnerlicht haben, brauchen Sie keinen Fragenkatalog. Dieser würde Sie bei der flexiblen Konversation mit Ihrem Tester ohnehin nur behindern.

Überlegen Sie: Von wem können Sie am meisten lernen? An erster Stelle steht hier natürlich der Nutzer. Aber auch die Menschen, für die die Idee sonst noch interessant sein könnte, sind wertvolle Testpersonen. Design-Thinking-Praktiker testen ihre Ideen auch gerne bei Nutzern, von denen sie extremen Widerstand erwarten. Viele sagen sogar: »Von ihnen habe ich am meisten über die Stärken und Schwächen unseres Konzeptes gelernt.«

Überlegen Sie sich gute Orte zum Testen: Vor allem wenn Menschen warten müssen, freuen sie sich über Ablenkung durch einen Test. Auch wenn sie eine Belohnung erhalten, investieren sie gerne Zeit dafür. Planen Sie pro Testdurchlauf ca. 90 Minuten (pro Person ca. 15 Minuten). Und gestalten Sie das Testumfeld so, dass es der Testperson einfach fällt, sich in die Situation hineinzuversetzen, in der die Idee funktionieren soll.

**BEISPIEL**

Stoff auf Karton mit Teller und Glas sowie ein »Kellner« mit weißer Serviette über dem Arm helfen, sich eine Restaurantsituation vorzustellen.

| Tool: Testplan | |
|---|---|
| Was es ist | Ein Planungswerkzeug für den neunten Schritt im Design Thinking |
| Wobei es hilft | Relevante Vorbereitungen für das Testen treffen. |
| Anwendungsschritte | **1.** Vorbereitung: Visualisierung (siehe unten) auf Din-A3-Blatt übertragen.<br>**2.** Testpersonen definieren: Nutzergruppen aus dem Feld »Skalierung« des *Ideendokuments* ableiten (Beispiel: Steht hier LKW-Fahrer, sollten das auch die Testpersonen sein) und weitere relevante Nutzergruppen für den Test hinzufügen. |
| | **3.** Orte festlegen: Jeweils drei mögliche Orte bestimmen, wo jeweils drei unterschiedliche Nutzer angetroffen und als Tester befragt werden können.<br>**4.** Uhrzeiten bestimmen: Zeiten eintragen, in denen die ausgewählten Personen für einen Test womöglich zur Verfügung stehen. |
| Tipps und Tricks | Das Erstellen von Prototypen hat die Idee eventuell verändert. Daher vor dem Entwurf des Testplans das Ideendokument bei Bedarf überarbeiten oder ein neues erstellen. |
| Zeit und Ressourcen | Für Anwendungsschritte 1 bis 3) 10 Min., 4 bis 5) 10 Min.<br>Gesamt = 20 Min.<br>Din-A3-Papier, Stifte, Time Timer |

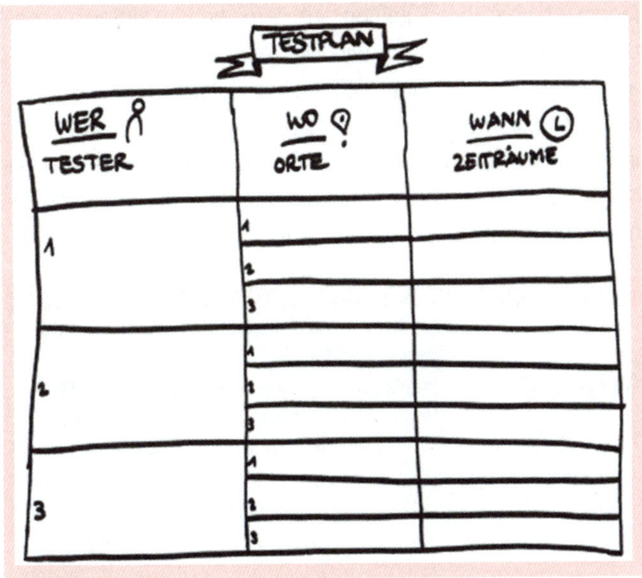


*Testplan*

## Tool für Schritt 9: Testtreppe

In der konkreten Testsituation sind wir einer Unmenge von Reizen ausgesetzt und der Zeitdruck tut ein Übriges. Deshalb ist es hilfreich, sich die Testsituation wie eine Treppe vorzustellen, die man Stufe für Stufe erklimmt, eine nach der anderen. Insbesondere die ersten Stufen sollte man sich genau vorstellen, damit die Konversation mit dem Nutzer schnell ins Fließen kommt.

Jede Stufe hat ihre Funktion auf dem Weg zu guten Rechercheergebnissen, die ein wirklich relevantes Nutzerbedürfnis aufdecken. Auch erfahrene Interviewer folgen immer einer genauen Grundstruktur, damit sie sich innerhalb dieses Rahmens inhaltlich frei bewegen und sich flexibel auf die Perspektive des Testers einlassen können: Was sieht er? Was denkt er? Was funktioniert gut? Was nicht und warum?

| Tool: Testtreppe | |
|---|---|
| Was es ist | Ein Planungswerkzeug für den neunten Schritt im Design Thinking |
| Wobei es hilft | Bereitet den Ablauf der Tests inhaltlich vor. Die Treppe visualisiert das Vorhaben, während des Tests immer tiefer in die Nutzerwelt einzutauchen. |
| Anwendungsschritte | 1. Vorbereitung: Visualisierung (siehe unten) auf Din-A3-Blatt übertragen.<br>2. Situation und Rollen bestimmen: Den Kontext des Tests sowie die Rollen des Testmoderators und des Testers festlegen (Situation: Vorstellungsgespräch; Rolle Testmoderator: Personalchef; Rolle Tester: Bewerber). |
| | 3. Idee-Interaktion vorbereiten: Jeweils drei Stichpunkte zur Einleitung und Durchführung skizzieren, um die Interaktion mit dem Prototyp zu unterstützen (Beispieleinleitung: »Sie haben sich bei uns auf eine Stelle beworben und befinden sich im Vorstellungsgespräch«).<br>4. Danksagung skizzieren: Zwei Stichpunkte für ein wertschätzendes Testende sammeln (Beispiel: »Folgendes wird mit den Ergebnissen passieren: …«, als kleine Aufmerksamkeit wird übergeben: …). |

| Tool: Testtreppe | |
|---|---|
| Tipps und Tricks | ▪ Die Situation sollte für den Tester so real wie möglich sein (Bestes Beispiel: ein LKW-Fahrer, der in seiner Eigenschaft als Langstreckenfahrer Tester für die Idee ist; gutes Beispiel: ein Praktikant, der sich in ein Bewerbungsgespräch hineindenkt – als Situation, die er zwar nicht so häufig, aber dennoch schon einmal erlebt hat; schlechtes Beispiel: jede Situation, die mit den Worten »Stellen Sie sich vor ...« beginnt, z. B. an eine kinderlose Frau gerichtet, die sich vorstellen soll, Mutter von fünf Kindern zu sein).<br>▪ Bei mehreren Teammitgliedern das Team so aufteilen, dass die Rollen Moderator und Fragender jeweils einmal besetzt sind, während es am besten mehrere Dokumentatoren geben sollte. |
| Zeit und Ressourcen | Für Anwendungsschritt 1) bis 5) jeweils 30 Min.<br>Gesamt: 120 Min.<br>Din-A3-Papier, Stifte, Time Timer |

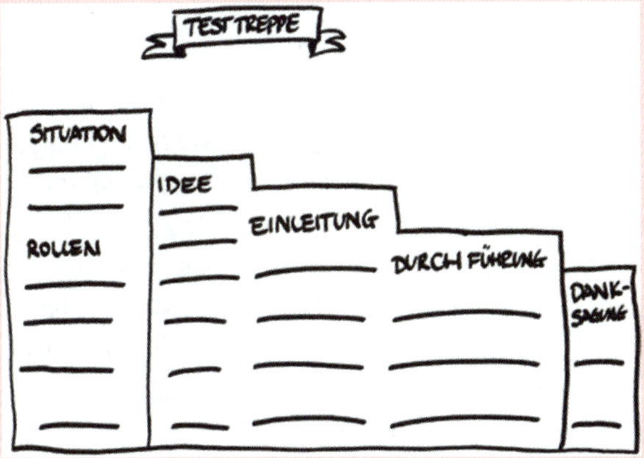


*Testtreppe*

## Tool für Schritt 9: Feedbackmatrix

Testsituationen sind für alle Beteiligten spannend, für die Ideen-Gestalter genauso wie für die potenziellen Nutzer. Was funktioniert? Was nicht? Welche offenen Fragen gibt es? Warum? Und welche neuen oder weiterführenden Ideen hat die Testperson? Antworten auf diese Fragen und viele mehr findet man mittels Tests heraus. Doch die aufschlussreichste Antwort nutzt nichts, wenn sie nicht festgehalten wird. Wenn nicht in Echtzeit dokumentiert wird, gehen in der Regel ca. 70 % der Informationen verloren. Zeitdruck, der eigene Wahrnehmungsfilter (Was möchte ich gerne hören? Was passt in meine Perspektive?) und die Fülle an Informationen machen es unmöglich, sich alles zu merken. Testen, ohne es zu dokumentieren, ist demnach wie ein Blick durch eine Kameralinse, ohne den Aufzeichnungsknopf zu drücken: vielleicht schön für den Moment, aber für die weitere Verarbeitung zum Endprodukt vollkommen sinnlos.

Die Feedbackmatrix hat eine einfache Struktur, die hilft, alle Arten von Antworten sofort zu sortieren. Das erlaubt im nächsten Schritt eine schnelle Entscheidung über die Verbesserung der Idee im Sinne des Nutzerbedürfnisses. Besonders ihre Quadranten »Was funktioniert nicht?« und »Neue Ideen« wirken wie Vergrößerungsgläser auf Nutzerbedürfnisse: Sie brauchen in der Analyse für die weiteren Iterationsschritte besonders viel Aufmerksamkeit – obwohl wir natürlich viel lieber darauf schauen, was an unserer Idee gut funktioniert.

| Tool: Feedbackmatrix | |
|---|---|
| Was es ist | Ein Dokumentations- und Analysewerkzeug für den neunten Schritt im Design Thinking |
| Wobei es hilft | Die Testerkenntnisse visuell zu dokumentieren, das Feedback zuzuordnen und die für die Iteration wesentlichen Punkte zu identifizieren. |
| Anwendungsschritte | Test:<br>1. Vorbereitung: Visualisierung (siehe unten) auf Din-A4-Blätter übertragen und je nach Anzahl der Testdurchläufe vervielfältigen. Die Comiczeichnung aufhängen und darauf als Erklärungsgrundlage für die gesamte Idee verweisen.<br>2. Test durchführen: Direkte Interaktion mit der Testperson mittels eines Rollenspiels und gebastelter Prototypen provozieren.<br><br>Dabei folgendes Regelwerk beachten:<br>▪ Jeder Aussage wie im Interview mit der Frage »Warum?« näher auf den Grund gehen (siehe hierzu ausführlich das Tool Journalistenblock).<br>▪ Nie mehr als 20 % der Zeit selber reden, sondern den Nutzer erzählen und sein Erleben schildern lassen (Beispielbitte: »Bitte denken Sie laut!«).<br>▪ Jede von der Testperson gestellte Frage zurückgeben und niemals selbst beantworten (Frage der Testperson: »Wie könnte ich das Meeting-Eintrittsticket denn einem Kollegen übertragen?«; Rückfrage des Testers: »Wie hätten Sie es denn gern?«). |

| Tool: Feedbackmatrix | |
|---|---|
| | 3. Erkenntnisse dokumentieren: Das Feedback mitschreiben und den Kategorien zuordnen (Was funktioniert bzw. was nicht? Welche Fragen bzw. welche neuen Ideen entstehen?). Zum Ende eines jeden Tests die spannendsten max. drei Rückmeldungen, insbesondere aus den Kategorien »Was hat nicht funktioniert?« und »Neue Ideen« in die Rubrik »Was haben wir gelernt?« übertragen.<br>Iteration:<br>4. Iterationspunkte identifizieren: Alle Dokumentationen nebeneinander aufhängen. Aus der Kategorie »Was haben wir gelernt?« aller Dokumentationen erneut insgesamt drei Punkte identifizieren, die verbessert werden müssen, damit die Idee »fliegt«.<br>5. Iteration durchführen: Auf Basis der Iterationspunkte eine neue Idee ableiten und in ein neues Ideendokument übertragen. Danach beginnt erneut der Schritt 8: Prototypen umsetzen. |
| Tipps und Tricks | Pro Test eine Matrix verwenden. |
| Zeit und Ressourcen | Für Anwendungsschritte 1) 5 Min., 2 bis 3) pro Test 15 bis 20 Min., 4) 30 Min., 5) 30 Min.<br>Gesamt: 65 Min.<br>Din-A4-Papier, farbige Stifte, Time Timer |

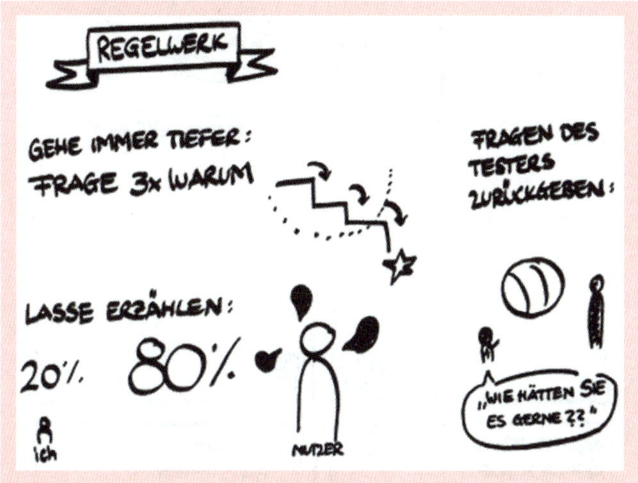
REGELWERK
GEHE IMMER TIEFER: FRAGE 3x WARUM
LASSE ERZÄHLEN:
20%
80%
ich
NUTZER
FRAGEN DES TESTERS ZURÜCKGEBEN:
„WIE HÄTTEN SIE ES GERNE??"

*Regelwerk*

*Feedbackmatrix*

# Schritt 10: Die Wertschöpfung planen

Wenn es gelungen ist, für ein Problem- bzw. Möglichkeitsfeld ein relevantes Nutzerbedürfnis zu identifizieren, dann eine innovative Lösung zu entwickeln, diese zu testen und zu iterieren, um schließlich damit die Idee als Hypothese des Nutzerbedürfnisses zu validieren ... dann ist die Aufgabe des Design Thinkers noch nicht etwa erfüllt.

Für eine nachhaltige Implementierung der Lösung in der Organisation sind drei wichtige Faktoren Voraussetzung:

1. eine klar formulierte und gut kommunizierbare übergeordnete Zielsetzung, d.h. eine »Mission« der Design Thinker,
2. ein nachvollziehbarer Beitrag zum Wertesystem der Organisation und
3. ein transparenter Implementierungsplan, der die weiteren Projektschritte, die Ressourcenplanung und die Wertschöpfung festhält.

Um eine Lösung nachhaltig zu etablieren, ist nicht nur der Wert der Lösung für den Nutzer zu berücksichtigen, sondern der Beitrag der Idee zum Wertefluss der Organisation. »Was macht aus der Idee eine Erfolgsstrategie?« – wenn Sie diese Frage beantworten können, sind die Chancen für eine nachhaltige Implementierung gut.

Im Schritt 10 vervollständigen wir Ihren Werkzeugkasten mit drei Instrumenten, die Design Thinker aus Systemforschung, Marketing und Linguistik entlehnt und für sich nutzbar gemacht haben. Sie helfen dabei, Ihr Lösungskonzept für Außenstehende begreifbar zu machen und die Wertschöpfung für das Unternehmen klar herauszustellen. Quantitative und qualitative Wertzuwachs-Aspekte lassen sich auf diese Weise schnell und einfach kommunizieren. Dies ist der erste Schritt zur Pilotierung und Implementierung.

## Ricardos Brause – der Schritt 10

Martin und Ricardo hatten mittlerweile das Barrel of Decision aufgegeben. »Anderer Raum, neue Gedanken«, sagte Ricardo. Sie trafen sich jetzt immer in einem der hippen Bierlokale am Prenzlauer Berg. Mit sehr starkem Craft Beer, lauter Musik und mächtig tätowierten Bedienungen. »Genau unser Platz – das radikale Erlebnis für alle Sinne«, da waren sich die beiden Freunde einig.

»Und was kommt jetzt?« Die Planung für den Relaunch war abgeschlossen, die neuen Zahlen versprachen einen nächsten Return on Investment in naher Zukunft und die Fragen der Produktion, des Vertriebs und der Kommunikation waren weitgehend geklärt. »Wenn morgen einer kommt und uns kopiert, haben wir ein Problem. Was ist es, was uns einzigartig macht und mehr ist als Guaraná Brause?« Diese Frage, die Martin neulich am Barrel of Decisions – ihrem letzten Abend dort – gestellt hatte, ging Ricardo einfach nicht aus dem Kopf. Beim nächsten Treffen sagte er zu Martin: »Lass uns mal alles rekapitulieren und einen Chin-Chin-Pitch ausprobieren.« Das ist nicht etwa ein neuer Cocktail, sondern eine kurze und knackige Trinkrede, in der die wichtigsten Werte aus der Team-Kompetenz, der innere Antrieb während der Projektarbeit und letztendlich der Nutzerwert auf den Punkt gebracht werden können.

In ein paar Sätzen improvisierten sie den Pitch: »Was kann die Brause? Egal, ob du in deinem Leben viel Energie als Hacker, Mutter oder Manager brauchst: Du kannst selbst entscheiden, wann du wach sein willst. Das ist der universelle Nutzen unserer Idee (beide prosteten sich zu: »Chin«). Und warum sind wir nicht zu stoppen? Weil unser Spaß am Neuen – unsere Neugierde – stärker ist (Wieder ein Prosten: »Chin«). Das ist unsere Leidenschaft. Und was können wir nach diesem Projekt wirklich am besten? Aus Wenigem (Zeit, Budget, Material, Arbeitskraft) das Beste herausholen (»Chin«). Das ist unsere Kernkompetenz.« Und auch auf ihren Zukunftsleitsatz stießen die beiden an.

**Zukunftsleitsatz:** »Je purer der Spaß, desto wacher der Mensch!«

»Guter Spruch, passt zu unserer Kneipe.« Der Wirt hatte von der Bar aus zugehört und so kamen sie ins Gespräch. Sie erzählten ihm die Geschichte von Ricardos Brause mit all ihren Erfolgen und Misserfolgen. Dem Inhaber der Kneipe gefielen die Konzentration der Freunde auf Qualität, das starke Nutzererlebnis und der Mut für Experimente. »Erfindet doch mal ein neues Craft Bier, was gut hier rein passt ...«

Wie man das angeht, wusste Ricardo ja ...

## Tool für Schritt 10: Chin-Chin-Pitch

In den Design-Thinking-Schritten 1 und 2 haben wir mit den Werkzeugen zur Planung und Zielformulierung das gewünschte Ziel greifbar gemacht. Nun gibt es eine greifbare Lösung. Und genau jetzt ist die Zeit gekommen, darauf anzustoßen, eine Rede zu halten, die feiert, welchen großartigen universellen Nutzen die Idee hat, welche Kompetenz dahintersteckt und welche Leidenschaft das Projekt nach vorne gebracht hat.

Am Ende steht der Zukunftsleitsatz, der das Projekt in der Implementierungsphase populär machen wird und der das strategische Zukunftspotenzial des Konzepts greifbar macht. Dieser Leitsatz ist viel mehr als ein Marketing-Spruch; er zeigt den Sinn hinter dem ganzen Vorhaben auf. Sinnstiftung ist der Treiber menschlicher Motivation. Haben Sie sich schon mal die Frage gestellt, warum manche Unternehmen langfristig am Markt erfolgreicher sind als andere? Forscher wie die Standford-Professoren Collins und Porras und in neuerer Zeit auch der Bestsellerautor Simon Sinek haben eine Erklärung dafür: Wer weiß, warum er Produkte oder Dienstleistungen anbietet, liefert seinen Kunden Sinn und nicht nur den faktischen Nutzen. Sinnstiftung gibt Orientierung und Sicherheit in der Entscheidungsfindung (Jim Collins, Jerry I. Porras, Built to Last: Successful Habits of Visionary Companies, HarperBusiness 1994).

| Tool: Chin-Chin-Pitch | |
|---|---|
| Was es ist | Ein Werkzeug, das den Wert, die Stärke und das Zukunftspotenzial von Team und Lösungsidee in drei Sätzen auf den Punkt bringt. |
| Wobei es hilft | Hält die Motivation lebendig, gibt Orientierung für Entscheidungen in der Implementierung, erleichtert die Kommunikation mit externen Interessensvertretern. |
| Anwendungsschritte | **1.** Vorbereitung: Eine Stunde Ruhe in einem ungestörten Raum, Schreibutensilien, Getränke und Gläser organisieren; finales Ideendokument, Expeditionsschiff und Expeditionsfragebogen bereithalten.<br>**2.** Aus dem finalen Ideendokument die Synthese aus Nutzer-Mehrwert und Nutzen für weitere mögliche Nutzer (Skalierbarkeit) ableiten. Daraus den universellen Nutzenwert der Idee formulieren.<br>**3.** Mithilfe des Expeditionsschiffs die Teammotivation reflektieren: »Wie haben uns das … (Name des Schiffs) und unser Expeditionsziel bei der Lösungsfindung angetrieben? Hat sich etwas Neues entwickelt?« Daraus die Leidenschaft definieren.<br>**4.** Mit Unterstützung der Expeditionsfragebögen die Individualkompetenzen reflektieren, die zur Realisierung der Idee geführt haben. Daraus die Team-Kernkompetenz formulieren.<br>**5.** Die Gläser mit Getränken füllen, anstoßen und reihum eine jeweils 90-sekündige, improvisierte Chin-Chin-Rede halten.<br>**6.** Gemeinsam die Elemente der Reden identifizieren, die die größte Zustimmung des Teams finden, und aus ihnen den Zukunftsleitsatz zusammenfügen. |

| Tool: Chin-Chin-Pitch | |
|---|---|
| Tipps und Tricks | ▪ Das Redenhalten funktioniert am besten, wenn man es oft übt. Deswegen gilt:<br>▪ Nicht so lange diskutieren, sondern lieber mehrfach improvisieren und iterieren.<br>▪ Alle Anwendungsschritte oben dienen nur der Orientierung. Was ist das Bedürfnis, das wir stillen? Was hat uns nach vorne getrieben? Und welches Know-how ist in die Lösung eingeflossen? Alle diese Fragen sind die Kernelemente der Rede.<br>▪ Der Zukunftsleitsatz kann auch nur einen der oben genannten Aspekte (Nutzwert, Leidenschaft, Kernkompetenz) fokussieren. Er muss nicht alle drei Elemente gleichermaßen abdecken. |
| Zeit und Ressourcen | 10 Min.: Individual-Synthesen aus Ideendokument und Expeditionsschiff<br>20 Min.: Vorstellen der Synthesen und Klären von Verständnisfragen<br>10 Min.: Reihum Reden halten<br>20 Min.: Entscheidung und Probe der finalen Chin-Chin-Story<br>Schreibutensilien, Papier, Getränke, Gläser, Time Timer |

I.
UNIVERSELLER NUTZWERT
IDEEN-DOKUMENT
IDEEN-KONZEPT
SKALIERUNG

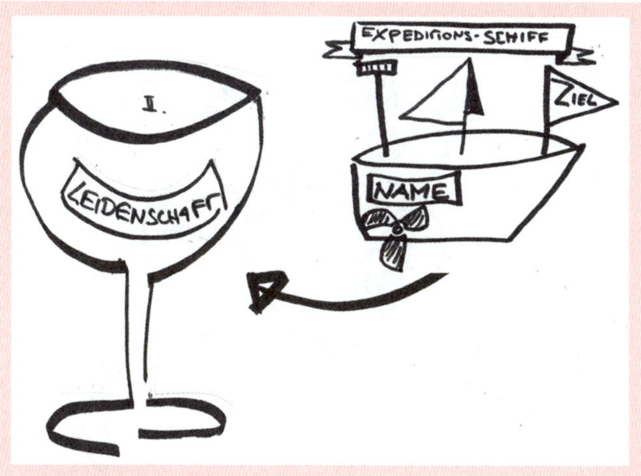
II.
LEIDENSCHAFT
EXPEDITIONS-SCHIFF
ZIEL
NAME

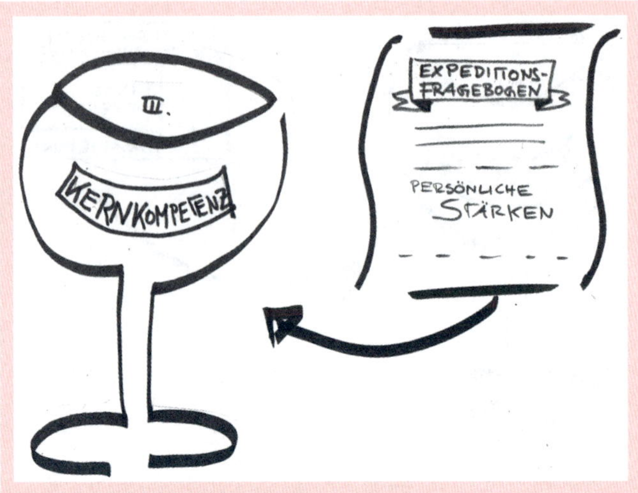
III.
KERNKOMPETENZ
EXPEDITIONS-
FRAGEBOGEN
PERSÖNLICHE
STÄRKEN

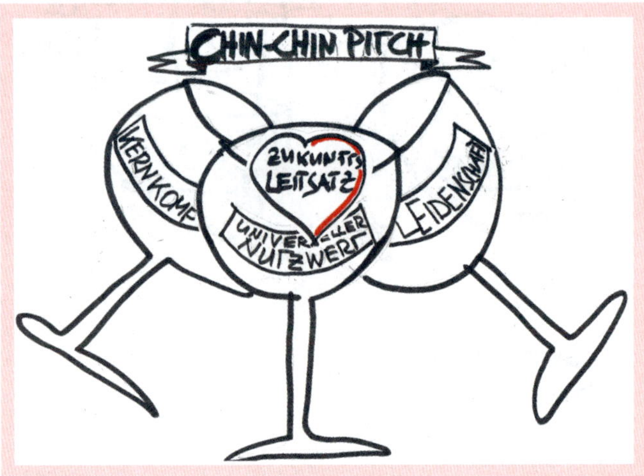
CHIN-CHIN PITCH
KERNKOMP
ZUKUNFTS
LEITSATZ
UNIVERSELLER
NUTZWERT
LEIDENSCHAFT

## Tool für Schritt 10: Der Werte-Strom

Welcher Mehrwert entsteht durch die Idee und wie trägt die gefundene Lösung zum historisch gewachsenen Wertesystem des Unternehmens bei? Was steckt in der Essenz der Idee, das zum Erfolgsprinzip für ein Business-Modell werden kann?

Mit dem sog. Werte-Strom lässt sich der Beitrag des Projekts zur Wertschöpfung einfach, logisch und merkfähig kommunizieren. Jeder »Flusskilometer«, der passiert wird, trägt am Ende zur nachhaltigen Verankerung des Projektes im Unternehmenssystem bei.

| Tool: Werte-Strom | |
|---|---|
| Was es ist | Ein Werkzeug, das die Mechanik und Dramaturgie des strukturierten Geschichtenerzählens, des sog. Storytellings, nutzt, um den Wert der Lösung für das Unternehmen darzustellen |
| Wobei es hilft | Unterstützer für die Idee zu gewinnen, Budgets der Entscheider freizusetzen. Macht die Wichtigkeit der Lösung für die verschiedenen Interessenvertreter in der Organisation begreifbar. |
| Anwendungsschritte | 1. Vorbereitung: Eine lange Bahn Packpapier an einer Wand befestigen. Eine U-förmige Flusskurve visualisieren und die Zahlen I bis V gleichmäßig so anordnen, dass III die Mitte der geschlossenen Seite des U bildet und V die offene Seite. Das finale Ideendokument bereithalten. |

| Tool: Werte-Strom | |
|---|---|
| | 2. Flusskilometer I bis V des Werte-Stroms beschreiben:<br>– I: Problemfeld und Nutzer aus dem Ideendokument = Chance der Wertschöpfung<br>– II: Nutzerstandpunkt aus dem Ideendokument = Lücke im Nutzer-Wertesystem<br>– III: Ideenbeschreibung aus dem Ideendokument = Nutzerwert<br>– IV: Skalierung aus dem Ideendokument = Universeller Nutzwert<br>– V: Erreichte Key Performance Indikatoren mit den Unternehmenszielen in Beziehung setzen = Systemwert |
| Tipps und Tricks | ▪ Der Werte-Strom spiegelt eine bewährte Grundstruktur von Geschichten wider, die überall auf der Welt bekannt ist: die Heldenreise. Ein Held hat ein wichtiges Vorhaben bzw. Ziel und muss auf dem Weg dorthin jede Menge Hürden und Rückschläge überwinden, um die Geschichte letztlich zu einem Happy End zu führen.<br>▪ Mit gutem Storytelling überzeugen Sie auch Ihre stärksten Kritiker. |
| Zeit und Ressourcen | Bis zu 60 Min.<br>Rolle Packpapier, Stifte |

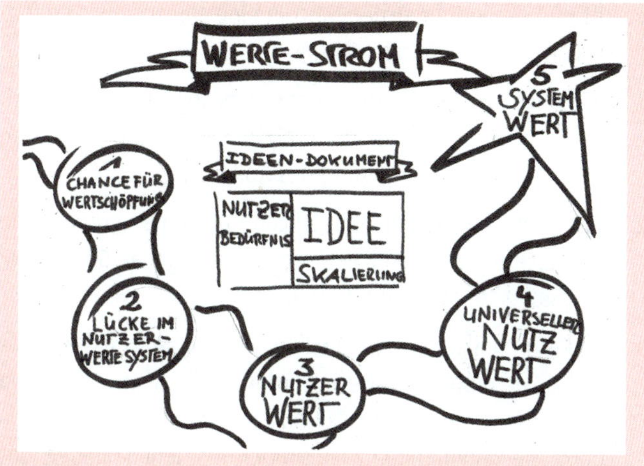


*Werte-Strom*

## Tool für Schritt 10: Der Implementierungsplan

»Was nicht planbar und nicht messbar ist, ist auch nicht zu managen.« Mit diesem Anspruch haben Sie sich zu Beginn des Design-Thinking-Prozesses auseinandersetzen müssen. Nun haben Sie ein Ergebnis und sind in Messbarkeit und Planbarkeit ein gutes Stück weitergekommen.

Sie haben – höchstwahrscheinlich mit Ihrem Team – während der Empathie-Phase, der Lösungsentwicklung und vor allem in den Tests so viel gelernt, dass es Ihnen jetzt viel leichter fällt, die Implementierung in klare Schritte zu unterteilen und diese quantitativ zu definieren. Drei Ebenen sind für diesen letzten

Schritt und den erfolgreichen Start in eine system-übergreifende Design-Thinking-Kultur wichtig:

1. die konkreten Projektimplementierungsphasen – z.B. weitere Tests, der Pilot, dessen Analyse, die finale Optimierung und die präzise Vorbereitung des Rollouts.
2. die Implikationen für Ressourcen: nutzbare, vorhandene Ressourcen in den Bereichen Arbeitszeit, Budget, Strukturen, Prozesse, aber auch benötigte Ressourcen.
3. die Kommunikation. »Innovation = Kommunikation« – das ist die Erkenntnis von Design-Thinking-Pionieren, die neue Wege der Lösungsentwicklung etablieren möchten. Die Logik, die dahintersteht, ist simpel: Je mehr Kollegen das Projekt kennen und darüber sprechen, desto größer ist die Chance, dass es ein willkommener Erfolg mit Leuchtturmcharakter wird.

Was Sie dafür brauchen, haben Sie bereits erarbeitet: Ihren visuellen Projektplan, den Werte-Strom und den Chin-Chin-Pitch.

| **Tool: Implementierungsplan** | |
|---|---|
| Was es ist | Die visuell dargestellte Verbindung aller Faktoren, Ebenen, Phasen und Meilensteine, die für die Implementierung der Design-Thinking-Lösung relevant sind |
| Wobei es hilft | Systematisch alle Phasen der Implementierung zu planen, die Implementierung für Entscheidungsträger berechenbar zu machen, die Schritte der Implementierung für den Projekterfolg und für die Kommunikation zu nutzen. |

| Tool: Implementierungsplan | |
|---|---|
| Anwendungsschritte | **1.** Vorbereitung: Eine Bahn Packpapier an der Wand befestigen. Den Projektplan aus dem Design-Thinking-Schritt 1 sowie den Chin-Chin-Pitch und den Werte-Strom zur Erinnerung und als Basis bereitlegen.<br>**2.** Den Implementierungsplan visualisieren, den Zukunftsleitsatz deutlich als Überschrift integrieren und die drei folgenden Implementierungsebenen berücksichtigen:<br>▪ I: Welches sind die wichtigsten Meilensteine der Projektimplementierung und wann werden die Entscheidungsträger in diese Phasen involviert?<br>▪ II: Welche bestehenden und zusätzlichen Ressourcen werden wofür und wann benötigt?<br>▪ III: Kommunikation – ob als Blog, in Meetings, in der Kantine oder im Unternehmensnewsletter: die Wertschöpfungs-Story einer Idee muss unter die Menschen. |
| Tipps und Tricks | ▪ Ein für alle Interessenvertreter jederzeit einsehbarer oder sichtbarer Plan fördert die Auseinandersetzung und das Vertrauen in das Neue.<br>▪ Der Plan kann mit der Möglichkeit zur Interaktion versehen werden: Jeder, der Fragen hat, erhält die Chance, diese zu stellen. Sie werden dann für alle beantwortet. |
| Zeit und Ressourcen | Circa 60 Minuten, danach fortlaufende Aktualisierung nach jeder Phase<br>Rolle Packpapier, Stifte |

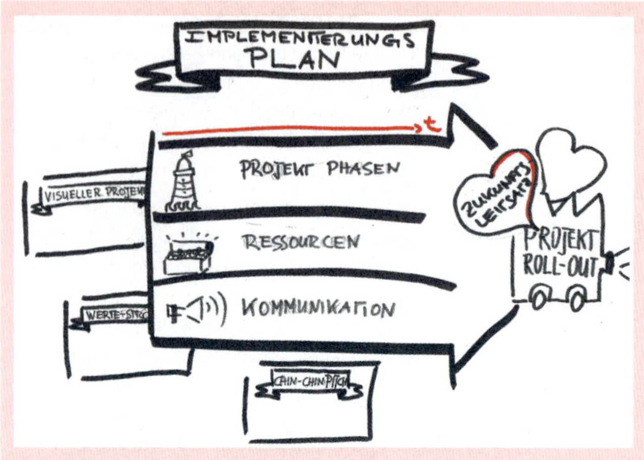


*Implementierungsplan*

## Ricardos Brause – wie es weiterging

»Guaraná Brause« ist heute im neuen Design online erhältlich. Eine Produktvariation mit noch stärkerem Brauseerlebnis ist in der Entwicklung. Gemeinsam mit den Besitzern der Event-Kneipe »Zum Starken August« vertreibt Ricardo Mate-Bier, ein natürliches Craft Beer mit Mate-Extrakt, das nicht das übliche »Biergähnen« hervorruft. Der Zukunftsleitsatz »Je purer der Spaß, desto wacher der Mensch« ist Inspiration, Antrieb und Bewertungsmaßstab für weitere innovative Events, Produkte und Services, die zurzeit entwickelt und getestet werden.

Design Thinking ist in Ricardos Unternehmen als Strategie, Werkzeugkasten und Prozess bei allen Projekten im Einsatz. Es wird kombiniert mit agilen Prozessoptimierungsmethoden wie Scrum und Lean Production (siehe hierzu das Glossar).

## Wie die Implementierung gelingt

Die Erkenntnis, dass es in Zukunft neuer Strategien und Taktiken bedarf, um erfolgreich zu sein, wird von weiten Teilen der Entscheiderwelt nicht mehr ernsthaft infrage gestellt. Und auch über die Konsequenz dieser Erkenntnis herrscht Einigkeit: Die Implementierung von ungewohnten Prozessen, Strukturen und neuen Werten ist die größte Herausforderung an die Leadership-Fertigkeit von morgen. Zu unüberwindbar scheinen – speziell in großen Organisationen – die Hürden, die mit Veränderung einhergehen. Die Harvard-Professorin und Unternehmensberaterin Rosabeth Moss Kanter beschreibt sie in ihrem Artikel »Ten Reasons People Resist Change« (HBR September 25, 2012) sehr treffend und sie entsprechen mehr oder weniger den Reaktionen aus dem Umfeld unserer Design-Thinking-Pioniere: »Heißt das, das alles, was ich vorher gemacht habe, falsch war?«, »Wir mögen keine Überraschungen, wir sind doch keine Kinder mehr!«, »Das bedeutet doch mehr Arbeit«, »So, wie es jetzt ist, ist es zwar nicht ideal – aber sicher«, »Das ist einfacher gesagt als getan …«, »Kann ich das überhaupt?«, »Wenn jetzt die … (Kunden, Kollegen, Mitarbeiter) anfangen, meinen Job mitzumachen, verliere ich meinen Verantwortungsbereich«.

## Stolpersteine

Für das Scheitern von Design Thinking in Unternehmen sind nicht nur auf der persönlichen Ebene, sondern auch auf der Systemebene die folgenden Muster verantwortlich:

1. Mangelnde Sichtbarkeit: »Design Thinking? Ja, irgendwer hat da mal irgendwas gemacht. Wir wissen nicht, was genau das war und was daraus geworden ist.«
2. Fehlende Integration in bestehende Prozesse: »Das passt bei uns nicht rein, wir arbeiten nach ... (Stage-Gate, Six Sigma, Lean, Waterfall). Wo und warum soll da zusätzlich noch Design Thinking eingetaktet werden?«
3. Schaffung neuer Silos: »Das ist nicht unsere Verantwortlichkeit, da sind die Super-Experten vom Innovations-Lab zuständig.«
4. Messbarkeitsdefizit: »Am Ende zählen die harten Fakten und Zahlen, nicht Meinungen oder Haltungen.«
5. Mangelnder Anschluss an bestehende Kultur: »Das passt einfach nicht zu uns. Wir sind nicht wild, kreativ und risikofreudig, sondern stolz auf unsere Erfahrung, außerdem qualitäts- und sicherheitsorientiert.«

## Für jeden Startpunkt die richtige Strategie

Ein weiterer Stolperstein ist die Abhängigkeit der jeweiligen Implementierungsstrategie vom Akteur, der den Wandel starten will:

- Ist es der Angestellte, der als Pionier auf der Basis-Ebene die Design-Thinking-Lawine lostreten möchte?
- Ist es der Abteilungsleiter, der als gutes Beispiel mit seinem Team vorangehen will?
- Oder ist es der CEO, der sein Unternehmen durch den Wandel führen möchte?

Für alle drei Startpunkte sind unterschiedliche Zielsetzungen und Wege zu definieren. Eine gute Hilfestellung für die Entwicklung der richtigen Strategie bietet Complete Design Thinking, d.h. die Anwendung von Design-Thinking-Prinzipien, um Design Thinking zu implementieren. Ausgehend von den unterschiedlichen Nutzerbedürfnissen im System lassen sich klare Ziele und mögliche Strategien für die drei verschiedenen archetypischen Design-Thinking-Pioniere ableiten, die hier nur beispielhaft erläutert werden.

### Pionier auf der Basis-Ebene

**Das Problem:** Der Pionier auf der Basis-Ebene hat das typische David-Goliath-Problem. Er muss sich die Frage stellen: »Wie kann ich als Einzelkämpfer das große, komplexe und sehr widerstandsfähige System verändern?«

### Tipps zur Implementierung

Schaffe konkreten Nutzen im Daily Business deiner Kollegen, damit du erste Verbündete gewinnst. Sorge für breite Sichtbarkeit und überzeuge deinen Chef durch den positiven Strahleffekt.

- Beute bestehende Möglichkeiten im System aus, die für den Einsatz von Design Thinking am empfänglichsten sind und eine breite Sichtbarkeit gewährleisten.
- Nutze Image-Projekte oder interne Projekte, die ohnehin erledigt werden müssen, aber auf der Tagesagenda und in Bezug auf die wirtschaftliche Relevanz im Unternehmen *nicht* allererste Priorität haben. Nutzererlebnisse sollten hierbei jedoch eine wesentliche Rolle spielen und die Nutzer sollten für die Empathie-Arbeit verfügbar sein.

**BEISPIEL**

Besonders gut eignen sich Projekte, die »irgendwie innovativer« angegangen werden sollen, so z. B. die Optimierung der Meeting-Prozesse, die Weiterentwicklung des innerbetrieblichen Vorschlagwesens, die Organisation der Quartalskonferenz für das Marketing oder die Neukonzeption eines Führungskräfte-Schulungsprogramms. Auch aus dem Packungs-Relaunch eines seit langem stagnierenden Produktes kann ein dankbares Leuchtturmprojekt werden.

Es braucht Empathie-Arbeit, um im Vorfeld die Bedürfnisse der Stakeholder zu recherchieren. Prototypisieren hilft dabei, in der Konzeptionsphase schnell zu lernen, was wirklich gebraucht wird. Wird auf diese Weise ein gut sichtbares Prio-2-Projekt erfolgreich, spricht sich die neue Vorgehensweise schnell herum und gewinnt auf der Projekteigner-Ebene sofort Sponsoren.

## Pionier auf der Ebene »Mittleres Management«

**Das Problem:** Pioniere im mittleren Management, so z. B. Abteilungsleiter, müssen den Spagat meistern, der sich ergibt aus den strategischen und operativen Zielen sowie der Zusammenarbeit mit anderen Abteilungsleitern einerseits und der Leistungsverantwortung des eigenen Bereichs andererseits.

**Tipp zur Implementierung**

Schaffe konkreten Nutzen bei deinen Kollegen im strategischen Unternehmenskontext und gehe Allianzen ein.

**BEISPIEL**

Ein Projekt zur Markenrepositionierung, das in der Vergangenheit mehr als ein Jahr dauerte, ist mithilfe des Design-Thinking-Prozesses auf drei Monate verkürzt worden und hat anstelle der zehn Strategen aus Marketing und Agentur etwa 100 Mitarbeiter aus verschiedenen Abteilungen des Unternehmens involviert. Damit war der Beweis angetreten, dass Design Thinking nicht nur bestehende Prozesse messbar optimieren konnte, sondern auch als Schlüssel für die spätere Operationalisierung der Strategie nützlich war.

Oder die Allianz zwischen einer IT- und einer HR-Abteilung, die gemeinsam ein neues Kompetenz-Center für Innovation erschaffen haben: eine Win-Win-Zusammenarbeit, die beiden Abteilungsleitern Image- und Synergievorteile brachte.

Im mittleren Management geht es oft darum, Brücken zu bauen. Das kann durch das Erlebbarmachen des Prinzips Diversität und durch Anwendung von Systemdenken gefördert werden.

## Pionier auf der Topmanagement-Ebene

**Das Problem:** Auf der Topmanagement-Ebene ist die Distanz zur Umsetzungsebene naturgemäß häufig so groß, dass zwar Entscheidungen schnell getroffen werden können, jedoch die Übersetzung für alle Stakeholder des Unternehmens damit nicht automatisch gewährleistet ist.

| Tipps zur Implementierung |
|---|
| Gib Orientierung durch sinnstiftende, leicht verständliche Kommunikation. Verbinde dabei die langfristigen Ziele mit den Unternehmenswerten. |
| Practice What You Preach: Tue und lebe selbst, was du als Vorgehen für das Unternehmen etablieren möchtest. |

Der höchste Boss kann z.B. eine große Hebelkraft auslösen mit dem Umbau von Entlohnungssystemen, die sich konsequent am Prinzip der Diversität, also am Teamergebnis, orientieren und die Allianzen zwischen Abteilungen belohnen. Storytelling ist ein wirksames Strategie-Tool für die übergreifende Sinnstiftung und Multiplikation. Als mutigster Schritt der obersten Ebene gilt die Institutionalisierung der Prinzips der Iteration, also die Anerkennung des Scheiterns als notwendigem Erfahrungswert auf dem Weg zur besseren Lösung. Die Schaffung von kreativen Freiräumen gehört zu den wichtigsten Motor-Aktionen auf dieser Ebene.

> Ein kopierbares Erfolgsrezept gibt es auch nach über 15 Jahren breiter Anwendungspraxis von Design Thinking nicht. Es müssen alle Ebenen – Top-Down, Bottom-Up und die Mitte mit der undankbaren Spagatfunktion – zusammenarbeiten und ihre gemeinsame Interpretation des Sinns hinter der Methode finden. Das ist und bleibt sicher die größte Herausforderung der Implementierung.

# Ein Ausblick: Design Thinking von morgen

Ist Design Thinking nur ein vorübergehender Trend und Hype? Oder wird es sich als Haltung, Methode und Werkzeugkasten in den Unternehmen durchsetzen? Wagen wir einen Blick in die Zukunft – ganz im Sinne des Design Thinkings aus unterschiedlichen Perspektiven.

## Die unternehmerische Perspektive

»Wie lässt sich der Erfolg von Design Thinking messen?«, »Was ist der Return on Investment?« – dies sind die üblichen Fragen der Führungskräfte, wenn es um die strategische Entscheidung geht, mit Design Thinking neue Wege in der Unternehmensführung und Wertschöpfungsstrategie einzuschlagen. Zu Recht, denn die Leistung von Managern wird heute mehr denn je anhand von Kennzahlen gemessen.

Design Thinking entzieht sich per se einer lückenlosen Messbarkeit. Und trotzdem spricht einiges dafür, dass sich Design Thinking als Haltung in den Führungsetagen durchsetzt. Die Frage, die heute speziell die großen, traditionellen Unternehmen beschäftigt, ist weniger »Sollten wir diese oder jene Alternative ausprobieren?«, sondern »Wie schaffen wir es in dieser Welt, die immer flüchtiger, unsicherer, komplexer und unklarer und damit immer weniger mit Kennziffern messbar wird, trotzdem handlungsfähig zu bleiben?« Der Blick auf das Ganze, d. h. die Verabschiedung vom Denken in Kategorien, vorgefertigten Lösungen und Einzelproblemen, wird bei der Beantwortung dieser Frage immer wichtiger werden. Das Planen, Entwickeln und Umsetzen von wertschöpfender Leistung als Teil zusammenhängender Systeme von Beziehungen scheint hier nicht nur die bessere, sondern vielmehr die einzig valide Strategie sein.

Design Thinking wird vielleicht nicht mehr Design Thinking heißen, sondern z. B. »Systems Thinking«. Als Herangehensweise an eine Kulturevolution im Unternehmen hin zu mehr Agilität, mehr Menschlichkeit und neuen, sinnstiftenden Formen des Arbeitens hat Design Thinking – oder wie immer es künftig auch heißen mag – aus unserer Sicht sehr gute Chancen sich durchzusetzen. Warum? Um einen Kulturwandel anzustoßen, fangen wir im Design Thinking bei den Fakten an. Durch diese sichtbaren Veränderungen können bestehende Werte neu gedeutet werden, und das hat Auswirkungen auf die verankerten Glaubenssätze einer Organisation.

»Komplexität« ist zum Etikett für unser Zeitalter geworden. Design Thinking ist zwar kein Zaubermittel, das alles ganz einfach macht, aber es hilft, positive Veränderung in der Komplexität systematisch anzugehen. Wissenschaftler aus den Bereichen Psychologie, Soziologie, Organisations- und Komplexitätsforschung stimmen darin überein, dass es vor allem zwei Kräfte gibt, die nachhaltige Veränderung erzeugen: hoher Leidensdruck – und sehr viel Spaß. Design Thinking setzt bei der Ursache des Leidens an und macht Spaß. Das hat Zukunft.

## Die technologische Perspektive

Technologische Disruptionen treten immer häufiger und schneller am Markt und im Wettbewerb auf. Viele deutsche Firmen sind technologische Spitzenreiter und Marktführer. Das heißt jedoch nicht, dass sie sich auf ihren Lorbeeren ausruhen könnten. Im Gegenteil: Sie sind merklich dem Druck ausgesetzt, bestehende Geschäftsmodelle zu verändern. Technologie, hier vor allem die IT, ist oftmals der Treiber für Veränderungen in

Organisationen und Unternehmen. Gleichzeitig ist die Digitale Transformation allgegenwärtig und birgt die Angst und Gefahr, dass der Mensch in vielen Wertschöpfungsprozessen durch Technologie überflüssig und ersetzbar wird. Zukünftig wird es immer essentieller zu verstehen, dass technolgische Innovationen ein größeres Potenzial beinhalten, wenn von echten Nutzerbedürfnissen ausgegangen wird. Design Thinking kann aus unserer Sicht genau dies ermöglichen. Das haben in den letzten Jahren auch große Software- und Tech-Unternehmen erkannt. Sie setzen Design Thinking in Kombination mit bestehenden agilen Entwicklungs- und Produktionsprozessen erfolgreich ein. Diese Kombination und Adaption von Design Thinking als nutzerzentrierte Methode mit bestehenden Implentierungs- und Geschäftsprozessen bietet viele Möglichkeiten. Im stetig wachsenden Spannungsfeld zwischen Technologie und realen Nutzerbedürfnissen können Unternehmen und Organisationen neue Wertschöpfungs- und Innovationspotenziale erzielen.

## Die Nutzerperspektive

Design Thinking ist nur dann wirklich Design Thinking, wenn wir die Nutzer in den Mittelpunkt rücken und diese tatsächlich verstehen (wollen). Dieser Perspektivwechsel ist das besondere und der absolute Mehrwert unserer Haltung, die es immer wieder zu trainieren gilt. Sie liefert uns Sinnhaftigkeit, Inspiration und Qualität für unsere Designs. Und sie bewahrt uns davor, einer Lösung oder Idee nachzujagen, die lediglich auf unseren begrenzten Annahmen zu Nutzerbedürfnissen basiert und deshalb zum Scheitern verurteilt ist. Sinnhaftigkeit, und dieses Wort finden wir nicht erst im Zusammenhang mit dem Wertekanon der »Generation Y«, verleiht Motivation und eine klare Richtung in Projekten. Zu wissen, warum und für wen wir etwas tun, setzt Kräfte frei, die das Gegenteil von althergebrachten Arbeitsweisen sind. Genau dort setzt auch Design Thinking an: Es gibt den Dingen und Projekten einen Sinn.

Da wir (beinahe) alle designten Prototypen begreifen können, von der eigenen Küche hin zum Schulunterricht, von Projektabläufen hin zu Produkten und Services und sogar dem eigenen Leben, wird das besondere am Design Thinking, also die Nutzersicht, auch in Zukunft keinerlei Relevanz verlieren. Im Gegenteil: Da gleichzeitig die Herausforderungen und die Komplexität steigen und somit das Bedürfnis nach Klarheit und Richtung wächst, wird Design Thinking eher an Relevanz gewinnen. Die drei Modi der Empathiearbeit (1. Menschen befragen, 2. Menschen beobachten, 3. Selber ausprobieren) sind dabei ein effektiver und simpler Schlüssel und dazu jederzeit umsetzbar, ob in der Bahn auf dem Nachhauseweg, beim Mittagessen mit Kollegen oder auf einer Familienfeier.

Herausforderungen lauern an jeder Ecke. Wir müssen sie nur angehen.

# Design Thinking Hacks

Design-Thinking-Praktiker, die in einem Kurs gelernt haben, wie Projekte mit der Herangehensweise des Design Thinking bearbeitet werden können, stehen in ihren Unternehmen vor der Herausforderung, das neue Vorgehen in bestehende Strukturen zu integrieren. »Wenn Design Thinking für dein Problem nicht passt, verändere Design Thinking.« George Kembel, einer der d-school-Gründer in Stanford, bringt auf den Punkt, was der Anspruch an die Nutzung dieser Denkschule für die Praxis sein sollte: Nutzerzentriertheit.

> Der Begriff Design Thinking Hacks steht für die praktische Anwendung, auch gerne die Uminterpretation oder die Adaption eines Design-Thinking-Instruments, einer Übung oder eines Prinzips im individuellen Kontext.

Im Lauf der letzten Jahre hat uns die Design Thinking Community regelmäßig in Kursen, auf Konferenzen, Innovations-Roundtables und in Design-Thinking-Projekten, die wir als Coaches begleitet haben, ihre ganz individuellen Taktiken und Neuinterpretationen der Methode präsentiert. Einige der wirkstärksten Design Thinking Hacks stellen wir Ihnen hier, sortiert anhand der zehn Design-Thinking-Schritte, zur Inspiration vor.

# Schritt 1: Die Möglichkeit entdecken und starten

»Der beste Weg Dinge zu tun, ist, sie zu einfach zu machen. Als Führungskraft hast du zwei Tools: deine Führungsfunktion und die Kraft, auch Dinge außerhalb der Norm durchzusetzen. Damit kannst du kreative Freiräume schaffen.«

(Leiter der Produktstrategie sowie des Markt- und Trendresearchs eines Automobilunternehmens)

## Die Herausforderung

Neun Monate dauert es durchschnittlich in großen Organisationen, Räumlichkeiten neu zu gestalten. Bestehende Prozesse, Strukturen und »Materiallisten« machen es schwierig, Räume flexibel umzugestalten und zu nutzen. Wie konnte der Leiter der Produktstrategie schnell für seine Abteilung einen Kreativraum im Design-Thinking-Sinne schaffen?

## Was hat der Design Thinker gemacht?

Der Chef fasste einen radikalen und wirkstarken Entschluss: Er räumte sein eigenes Büro aus, das er nur zu etwa 50 % seiner Arbeitszeit tatsächlich selbst nutzte, baute es zum Design-Thinking-Raum um und stellte es dem Team zur Buchung zur Verfügung. Die erste Einrichtung zimmerte das Team mit Materialien aus dem Baumarkt und Billig-Möbelhaus selbst – bis das bestellte flexible und speziell für visuell-fokussierte Arbeit entwickelte Mobiliar eintraf.

## Was war die Wirkung?

In den ersten Tagen verbreitetete sich das Gerücht, der Chef sei gefeuert worden. Das Facility Management weigerte sich, das auf den Flur gestellte alte Chef-Mobiliar zu entfernen, da es für den Austausch der Büroausstattung des Topmanagements keine entsprechend definierten Prozesse gab. Doch später wurde die neue Raumgestaltung und -nutzung ein wichtiger Ankerpunkt für die interne Kommunikation im Unternehmen: Wie fängt man eine Veränderung an? Und wie schafft man Identifikation und Motivation beim Team? Die Rolle der Führungskraft, weniger als Vor-Bild denn als Vor-Macher bei Veränderungen zu fungieren, wurde durch diese Aktion im Unternehmen positiv gestärkt.

# Schritt 2: Das Ziel formulieren

»Das ist die Kultur, die wir als Bank stärken und entwickeln möchten: die Fertigkeit, schnell zu lernen, um sich im Kontext dynamischer Komplexität sicher nach vorne bewegen zu können.«

(Stellvertretender Vorstandsvorsitzender einer der führenden deutschen Banken)

## Die Herausforderung

Das Einschlagen von neuen Wegen ist speziell in Branchen, die von gefestigten Traditionen und starken Regularien geprägt sind, mit vielen Vorbehalten behaftet. Wie kann ein Vorstand die Organisation wirklich davon überzeugen, dass die Orientierung zu neuem Denken und Tun nicht nur auf der strategischen Agenda, sondern auch in der operativen Umsetzung nützlich und relevant ist?

## Was hat der Design Thinker gemacht?

Der gesamte Vorstand entschied, selbst im Design-Thinking-Modus an einer strategisch relevanten Aufgabe zu arbeiten. Dies geschah in einem Ein-Tages-Kompakt-Training, das auf die zeitlich begrenzte Ressource des Vorstands und eine strategische Kernfragestellung des Unternehmens zugeschnitten wurde. Das Vorstandsteam durchlief den gesamten Design-Thinking-Prozess und konnte anschließend sehr präzise und klar formulieren, wie Design Thinking in die Unternehmensstrategie eingepasst werden sollte.

## Was war die Wirkung?

»Dass unsere Chefs sich nicht nur einen Vortrag angehört haben, sondern selbst Ideen entwickelt, Prototypen gebaut und diese mit Nutzern getestet haben – das hat mich wirklich beeindruckt, und es spricht für unsere Kultur«, so ein führender Mitarbeiter aus dem HR-Bereich des Unternehmens.

# Schritt 3: Die Regeln aufstellen

»Dein Team muss sich seine Regeln selbst geben. Vorgegebene Regeln sind wie Befehle – das ist Führungsstil von gestern.«
(Geschäftsführerin einer jungen Unternehmensberatung)

## Die Herausforderung

Die Etablierung des Design Thinking »von oben« stieß bei den Angestellten einer kleinen Unternehmensberatung auf Skepsis. Das kleine, sehr eigenständige und selbstbewusste Team wollte die Entwicklung des Unternehmens aktiv mitgestalten – und nicht einfach eine neue Art zu arbeiten akzeptieren.

## Was hat die Design Thinkerin gemacht?

Design Thinking wurde anhand eines sog. Fast Forward bekannt gemacht. Das ist das Durchlaufen des gesamten Prozesses anhand einer einfachen Aufgabe in zwei Stunden. Danach entschied das Team, welche Tools und Prinzipien es fortan fest in seinen Tagesablauf etablieren wollte: das Timeboxing, das tägliche Feedback-Ritual und die rotierende Konzentration auf jeweils eine der Design-Thinking-Interaktionsregeln. Jede Woche wählte das Team eine Regel – z. B. »wilde Ideen ermutigen« – und ein Teammitglied als Paten, der die Umsetzung eine Woche lang förderte.

## Was war die Wirkung?

Angestellte und Chefin wurden durch das Ritual für die Integration von Design Thinking auf eine Ebene gestellt. Das Team ergriff Besitz von methodischen Instrumenten und wählte nach drei Monaten die Tools und Regeln aus, die künftig die Unternehmenskultur prägen sollten.

# Schritt 4: Die Herausforderung verstehen

»Du musst erst mal alle auf einen Wissenstand bringen, und zwar so schnell wie möglich. Sonst bremsen die Lücken der einen die Ideen der anderen.«

(Projektmanagerin eines großen Nahrungsmittelherstellers)

## Die Herausforderung

Das Design Thinking Team wurde aus unterschiedlichen Abteilungen zusammengestellt und hatte in Bezug auf das Projektthema ein sehr uneinheitliches Wissen. Das führte zu großer Unsicherheit darüber, wie man überhaupt beginnen sollte. Das Team musste innerhalb von zwei Stunden – länger konnte das Meeting nicht angesetzt werden – auf einen gemeinsamen und aussagekräftigen Informationsstand gebracht werden.

## Was hat die Design Thinkerin gemacht?

Sie stellte sämtliche Informationen über das betroffene Produkt, die Marktforschungen über den Verbraucher sowie die Erkenntnisse aus der Wettbewerbsbeobachtung zusammen und forderte das Team eine Woche vor dem geplanten Meeting auf, die Informationen nach folgenden Kriterien zu sichten:

- die größte Stärke und Schwäche des Produktes,
- die beste und schlechteste Lösung des Wettbewerbs und

- die überraschendste Erkenntnis über den Nutzer.

Im Meeting bekamen alle Teilnehmer 15 Minuten Zeit, ihre Erkenntnisse in jeweils einem kurzen Satz auf ein Post-it mit einer kleinen symbolischen Zeichnung zu dokumentieren. In weiteren 30 Minuten stellten sich die Teilnehmer ihre Erkenntnisse gegenseitig vor. 60 Minuten wurden vom Team darauf verwendet, den Projektkontext mit diesen Erkenntnissen auf einer großen Wand zu visualisieren.

## Was war die Wirkung?

Das Team war nun bereit, die Arbeit nicht nur zu starten, sondern auch den Kollegen Rede und Antwort zu stehen und den Sinn ihrer Arbeit vor einem sicheren Wissenshintergrund darzustellen.

# Schritt 5: Empathie aufbauen

»Wir behaupten natürlich alle, dass wir die Bedürfnisse unserer Kunden kennen. Aber mal ehrlich: Welches Wissen haben Sie über Ihre Kunden, das nicht aus zweiter Hand, z. B. aus den 150 PowerPoint Charts Ihrer Marktforschungsagentur kommt?«

(Leiter Produktmarketing Automobilbranche)

## Die Herausforderung

Wenn man mit dem ersten Design-Thinking-Projekt beginnt, fehlen naturgemäß die sog. Best Cases. Diese werden jedoch von den Entscheidungsträgern verlangt, um den Erfolg und die Relevanz für das Gesamtunternehmen im Vorfeld zu beweisen. Wie kann z. B. die radikal nutzerzentrierte Art, an Produktentwicklungen heranzugehen, für andere Abteilungen im Haus nutzbar gemacht und damit intern beworben werden?

## Was hat der Design Thinker gemacht?

Alle Entdeckungen in der Empathie-Phase, die Aufschluss über die Nutzerbedürfnisse gaben, wurden in sog. Persona-Schränken dokumentiert. Dies sind aufklappbare, mobile Schränke mit Objekten und Informationen, die das jeweilige Nutzerbedürfnis in Form eines authentischen (jedoch fiktiven) Menschen zum Leben erwecken. In diesen Schränken fanden sich nicht nur Fotos von

Hobbys, Familie und Arbeitsplatz, sondern auch die Sportschuhe, der Lieblingskaffee und die bevorzugten Zeitschriften der jeweiligen Persona. Ergänzt um qualitative und quantitative Marktforschungsdaten und ein paar aussagekräftige Zitate wurde so jede erforschte Kernmotivation für alle Kollegen greifbar gemacht.

## Was war die Wirkung?

Diese sehr authentische Art der Nutzerdarstellung setzte sich speziell für die Information von externen Partnern wie auch von Werbeagenturen durch. Diese konnten nun sehr schnell und effizient ins Boot geholt werden und hatten eine klare Referenz als Bewertungskriterium für ihre Arbeit: den Nutzer.

# Schritt 6: Einen Nutzerstandpunkt definieren

»Nutzerorientierung ist nicht nur ein Design-Thinking-Prinzip. Es ist ein hocheffizientes Management-Tool.«

(Leiterin der Forschungs- und Entwicklungsabteilung eines globalen Nahrungsmittelherstellers)

## Die Herausforderung

Design Thinking für strategische Innovationsprojekte einzusetzen, wird in vielen großen Firmen zwar mittlerweile nicht mehr infrage gestellt. Um jedoch eine Kultur des menschlich zentrierten, kooperativen Denkens und Handelns zu fördern, bieten diese »großen« Projekte nicht ausreichend Berührungspunkte für alle Mitarbeiter. Für sie bleibt die Methodologie etwas, das »nur die da oben« nutzen.

## Was hat die Design Thinkerin gemacht?

»Jede Präsentation, die wir in der Abteilung schreiben, hat Nutzer – nämlich unsere Zuhörer.« Der Prozess der Konzeptionierung, Aufbereitung und Umsetzung von Forschungspräsentationen wurde radikal umgestellt. Er startete nun immer mit einer Analyse der Nutzerbedürfnisse der Personen, für die präsentiert wurde. Was sind deren Probleme im Zusammenhang mit dem Thema? Was die Wünsche, Bedürfnisse und dahinter liegenden

Motive? Kleine Blanco-Figuren aus Whiteboard-Schaumfolie gehörten ab jetzt in jedes Vorbereitungsmeeting. Sie wurden entsprechend mit Sprechblasen sowie Accessoires gestaltet.

## Was war die Wirkung?

»Die Präsentationen sind jetzt besser«, waren sich alle in der Abteilung einig. Die Präsentationen wurden überzeugender, klarer und – kürzer. Denn wenn das Ziel des Adressaten klar ist, können einfacher Entscheidungen über die für die Präsentation relevanten Informationen gefällt werden. Der Nutzerzentrierung als Prinzip kam so außerhalb der großangelegten strategischen Projekte direkte Nützlichkeit im Tagesgeschäft zu.

# Schritt 7: Ideen entwickeln

»Den Stolz auf die eigene Idee kannst du nicht einfach abschaffen, indem du alles mit Design Thinking etikettierst. Die Menschen brauchen die Möglichkeit mitzugestalten, damit sie sich hinterher mit der Lösung identifizieren.«

(Abteilungsleiter Bereich Strategie und Innovation eines deutschen Forschungsinstituts)

## Die Herausforderung

Die Aufgabenstellung ist klar, die Ressourcen sind gesichert und die Akzeptanz für die Arbeit mit einer Design-Thinking-Haltung vom Topmanagement ist gegeben – wie können Design Thinker aber zudem sicherstellen, dass am Ende die Implementierung der Lösung, z. B. für einen neuen Ideen-Management-Prozess, auch breit akzeptiert wird?

## Was hat der Design Thinker gemacht?

Der Design-Thinking-Projektleiter entschied, in einer sehr frühen Konzeptphase insgesamt drei Abteilungen zur Ko-Kreation einzuladen. Das Projektteam teilte sich in fünf Gruppen auf, die jeweils zehn Kollegen auf Basis einer groben Ideenskizze zu kurzen Brainstormings für die Ideen-Vertiefung anleiten konnten. Alle Ideen wurden gemeinsam gebündelt, nach definierten Kriterien evaluiert und dokumentiert. Dieser Zwischenstand des

Projektes wurde dann in der Lobby des Unternehmens ausgestellt.

## Was war die Wirkung?

Diese Ko-Kreationsaktion sorgte erstens für Gesprächsstoff und zweitens dafür, dass auch außenstehende Kollegen mit Design Thinking in Berührung kamen. Als die Lösung pilotiert wurde, konnten nicht nur fünf, sondern 40 Personen aus dem Unternehmen stolz berichten, dass sie Mitgestalter gewesen waren.

# Schritt 8: Prototypen bauen

> »Warte nicht, bis im Unternehmen ein Design-Thinking-Projekt so weit ist, dass das Ergebnis kommuniziert werden kann. Schaffe dein eigenes Case, um schnell klar zu machen, worum es geht.«
>
> (Head of Digital Transformation einer deutschen Bank)

## Die Herausforderung

Wenn in Unternehmen die ersten Projekte im Design-Thinking-Modus bearbeitet werden, stehen sie in der Regel unter Beobachtung. Die Entscheider warten lieber erst einmal das Ergebnis ab, bevor das Projekt kommuniziert wird. Aber wie kann man von Beginn an dafür sorgen, dass auch die Kollegen, die nicht am Projekt mitarbeiten, eine Vorstellung davon erhalten, worum sich die neue Methodik dreht?

## Was hat der Design Thinker gemacht?

Der Vater eines zweieinhalbjährigen Sohnes startete sein ganz privates Design Thinking Case: »Re-Design des Skifahren-wie-Papa-Erlebnisses«. Von der klaren Bedürfnisanalyse »Ich will so Ski fahren wie Papa« über die Ideenfindung und verschiedene Prototypen-Schleifen entwickelte sich innerhalb von drei Monaten aus dem Wunsch eine konkrete Lösung. Alle Design-Thinking-Schritte wurden per Foto und Video für die Projektdokumentation festgehalten: die Ausgangssituation mit der Bedürfnisanalyse, die ersten Prototypenversuche mit Pantoffeln und Skistöcken zu Hause, das probeweise Tragen der Skischuhe, das Schanzenspringen über Kissen. Schließlich konnte das Projekt auf dem Kinder-Ski-Berg in Frankfurt erfolgreich pilotiert werden.

## Was war die Wirkung?

Dieser Case ist eine sehr einfache und dabei emotionale Art und Weise, die Kernprinzipien des Design Thinking zu erläutern. Durch die Distanz zu den »echten« Unternehmensprojekten gelingt eine freie Annäherung an Design Thinking, die sich später positiv auf konkrete Anwendungen im Business-Kontext auswirkt.

# Schritt 9: Testen und Iterieren

»Scheitern ist in wirtschaftlich orientierten Prozessen eigentlich keine Option. Es sei denn, es wird zur Quelle für Effizienz umfunktioniert.«

(Verantwortliche für Erwachsenenfortbildung im Universitätsbetrieb)

## Die Herausforderung

An Universitäten sind die Budgets in der Regel noch schmaler als in der freien Wirtschaft. Die personellen Ressourcen bestehen nicht selten aus einer Kombination von fest angestellten Mitarbeitern, studentischen Hilfskräften und Werksstudenten. Außerdem sind in der Unilandschaft zeitlich befristete Arbeitsverträge üblich. Soll ein längerfristiges Projekt auf die Beine gestellt werden, ist die Fluktuation im Team eine unvermeidliche Fehlerquelle.

## Was hat die Design Thinkerin gemacht?

Nachdem mit jedem neuen Teammitglied auch jedes Mal bereits gemachte Fehler erneut passierten, entschied das Team, ein Bug Book zu schreiben. Alles, was misslang, scheiterte oder nicht hätte passieren sollen, landete als Geschichte mit der entsprechenden Quintessenz über das Gelernte in diesem Buch. Jedes neue Teammitglied bekam es zum Einstieg übereignet und war bis zum Eintreffen des nächsten Neulings für die »Buchführung« zuständig.

## Was war die Wirkung?

Fehler bekamen einen positiven Wert, der für das aktuelle und künftige Team nutzbar gemacht wurde. Die falsche Farbauszeichung eines Info-Flyers oder das Versäumnis einer Kostenfreigabe passierten garantiert kein zweites Mal. Auch in dem stark fluktuierenden Team konnte so das Wissen um die Abläufe und Fallen effizient weitergegeben werden.

# Schritt 10: Die Wertschöpfung planen

»Manchmal braucht man nur drei Kreise, um einen Vorstand davon zu überzeugen, neue Wege zu gehen.«

(Direktor Portfolio Strategy & Market Research eines deutschen Automobilunternehmens)

## Die Herausforderung

Was ist der konkrete Mehrwert und wann stellt er sich ein? Wer mit Design Thinking startet, braucht zusätzliche Ressourcen und die volle Überzeugung der Geschäftsleitung in Bezug auf die betriebswirtschaftliche Notwendigkeit. Sonst bleiben auf lange Sicht alle Anstrengungen wirkungslos.

## Was hat der Design Thinker gemacht?

In der Schnittmenge von technischer Machbarkeit, wirtschaftlicher Profitabilität und dem Nutzwert für den Menschen entsteht erfolgreiche Innovation. Die drei Kreise, die dies visualisieren, gehören zu den Schlüssel-Charts jeder Design-Thinking-Präsentation. Der Abteilungschef nutzte für seine Präsentation vor dem Vorstand nur diese eine Darstellung. Und komplettierte sie mit Beispielen von großen, ehemals erfolgreichen Firmen, die ihre Führungsstellung verloren hatten, weil sie die Nutzerbedürfnisse nicht ausreichend berücksichtigten. Dies verlieh seiner Forderung nach einer umfassenden Neuorientierung Nachdruck, die auf Basis einer großangelegten Nutzererforschung stattfinden sollte.

## Was war die Wirkung?

Der Design Thinker konnte die größte qualitative Kundenforschung der Unternehmensgeschichte durchführen. Die Portfolio-Strategie wurden auf Basis der neuen Erkenntnisse entsprechend neu formuliert und umgesetzt.

# Glossar

## Agil

Der Begriff »agil« kann mit »beweglich« übersetzt werden. Vor allem in der Softwareentwicklung steht er für ein iteratives Vorgehensmodell, das einen flexiblen und schlanken Entwicklungsprozess im Fokus hat.

## Best Case

Steht für »bestmögliches Resultat oder Ergebnis« und ist ein Anglizismus, der den günstigsten oder besten anzunehmenden Fall bezeichnet. Im Unternehmensführungskontext steht Best Case für die adäquate Strategie in einfachen Kontexten. Komplizierte oder komplexe Kontexte und Aufgaben erfordern hingegen alternative Strategien wie Design Thinking.

## Complete Design Thinking

Im Zuge der Entwicklung von ganzheitlichen Betrachtungsweisen in der Wissenschaft bezeichnet Complete Design Thinking (CDT) die neun Prinzipien, die eine kooperative, explorative und nutzerzentrierte Kulturstrategie tragen. Diese sind:

1. der kreative Frei-Raum,
2. die Diversität,

3. die Empathie,
4. die Nutzerperspektive,
5. das Prototypisieren,
6. die Iteration,
7. das Systemdenken,
8. das Storytelling,
9. das Analogisieren.

Im Gegensatz zum klassischen Design Thinking, das sich auf den Innovationsprozess konzentriert, ist CDT als ganzheitliche Strategie für Transformationsprozesse nutzbar. CDT wird hierbei als operationalisierbare Vorgehensweise genutzt, um eine adaptive Kultur in bestehenden Systemen zu entwickeln.

### Divergentes Denken

Der Begriff »divergent« stammt aus dem Lateinischen und kann übersetzt werden mit »auseinanderstrebend«.

Divergentes Denken wird umgangssprachlich auch als Querdenken oder »Denken in Möglichkeiten« bezeichnet. Wird in Kreativprozessen und -techniken eingesetzt, um Probleme zu lösen. Steht im Gegensatz zu »konvergentem Denken«.

### D-school

Kommt aus dem Englischen und ist eine Abkürzung für »School of Design Thinking«. Die Begriffsbildung basiert auf dem Ge-

genentwurf der d-schools zu den klassischen Business-Schools (b-schools).

Ist Teil und Institut der Stanford University und dem Hasso-Plattner-Institut in Potsdam. Dort werden Studenten und Berufstätige in der Design-Thinking-Disziplin ausgebildet.

**Extremnutzer**

Ist die Bezeichnung für einen nicht durchschnittlichen Benutzer eines Produkts, Prozesses oder einer Dienstleistung. Ein Extremnutzer agiert, reagiert und verhält sich verglichen mit dem Durchschnitt unüblich und auffällig. Die Forschung mit Extremnutzern bringt gute Ergebnisse hinsichtlich sog. schwacher Signale, die in der Trendforschung als besonders zukunftsweisend gelten.

**Idee**

Kommt aus dem Griechischen »idéa (iìδεα)« und steht für Urbild, Gedanke, Begriff, Einfall, Kleinigkeit.

Im Design Thinking wird die Idee als die Antwort auf die Hypothese eines Nutzerbedürfnisses definiert.

**Improvisation**

Ist ein Vorgehen, das ohne Vorbereitung stattfindet. Kreativität wird spontan zur Lösung von Problemen eingesetzt.

## Inkrementelles Vorgehen

Kommt aus der Softwareentwicklung und stellt ein Vorgehensmodell dar, welches kontinuierliche Verbesserungen fokussiert, die in kleinen Schritten erzielt werden.

## Innovation

Kommt vom spätlateinischen »innovatio« (»innovātiōnis«) mit der Bedeutung »Erneuerung, Veränderung«. Ist eine Veränderung z. B. in Form einer Verbesserung oder einer Neuerung auf einem Gebiet wie der Technik. Bezieht sich auf Prozesse, Produkte und Dienstleistungen. Im Design Thinking bestimmt sich eine Innovation durch das Zusammenspiel von Nutzerbedürfnis, technischer Machbarkeit und Marktfähigkeit einer Idee.

## Intrinsische Motivation

Kommt vom spätlateinischen »intrīnsecus« mit der Bedeutung »inwendig, innerlich«.

Steht für eine nicht durch das Umfeld beeinflusste oder gesteuerte Motivation. Bezieht sich auf eine aus dem Inneren kommende und eigenständige Motivation einer Person.

## Iteration

Siehe auch → Iteratives Vorgehen. Mehrfaches Wiederholen bzw. schrittweises Nähern mittels eines gleichen Ablaufes. Bei

Letzterem werden die Ergebnisse der vorangegangenen Iterationen in die Abläufe integriert.

## Iteratives Vorgehen

Kommt vom lateinischen »iterare«, steht für »wiederholend«.

Beschreibt den wiederholten Ablauf eines Vorgehens und/oder Prozessschritts. Im iterativen Vorgehen/Prozess wird dauerhaft ein gleicher Ablauf wiederholt, um daraus Ableitungen treffen zu können mit dem Ziel, vorhandene Abläufe anzupassen, oder um diese zu bestätigen. Im Design Thinking ist das iterative Vorgehen ein Grundprinzip, um sich lernend auf eine nutzerzentrierte Lösung zuzubewegen.

## Kausale Logik

Kommt vom spätlateinischen »causālis« mit der Bedeutung »zur Ursache gehörig, den Grund angebend« und stellt eine ursächliche Verknüpfung von abgeleitetem Wissen dar.

## Körperliche Kreativität

Kreativität, die durch Bewegung und die damit verbundene aktivierte Denkleistung freigesetzt wird.

## Konvergentes Denken

Kommt vom spätlateinischen »convergere« mit der Bedeutung »sich hinneigen«.

Wird in der Regel der Aktivität der linken Gehirnhälfte zugeordnet und beschreibt das gleichgerichtete Denken, dessen Merkmale zusammenführend, analysierend, in Richtung einer einzigen, genauen Lösung zielend sind. Ist im Zusammenspiel mit dem divergenten Denken die Quelle von zielgerichteten, kreativen Innovationsprozessen.

**KPI**

Ist die Abkürzung für »Key Performance Indicator«. Wird auch als Messgröße bezeichnet. Ist eine Zahl, die Aufschluss über den Status und Fortschritt eines Produktes, einer Dienstleistung oder eines Prozesses gibt und umschreibt Zahlen, die einen Fortschritt messen bzw. den Fortschritt verdeutlichen oder (visuell) darstellen.

Beispiele dafür sind die Anzahl der Benutzer, die Anzahl der Verwendung einer Dienstleistung oder beispielsweise der Umsatz und/oder die Erlöse von Produkten und Dienstleistungen.

**Kreativität**

Kommt vom lateinischen »creāre« mit den Bedeutungen »(er) schaffen, (er)zeugen, (er)wählen«.

Bezeichnet die Fähigkeit, neue Ideen, Herangehensweisen und Tätigkeiten zu erschaffen.

### Lean Production

Der Begriff kommt aus dem Englischen und steht für »schlanke Produktion«. Ist eine ganzheitliche und systematisierte Art der Produktionsorganisation und wurde von japanischen Automobilherstellern entwickelt. Seine Kernprinzipien sind die Vermeidung von Verschwendung und ein kontinuierlicher Verbesserungsprozess.

### Lean Start-up

Kommt aus dem Englischen und steht für »schlankes Start-up«. Der Begriff hat seinen Ursprung in der Vorgehensweise → »Lean Production«.

Ist ein Ansatz zur empirischen Überprüfung von Hypothesen als Startpunkte für Produkte, Prozesse oder Dienstleistungen. Die Überprüfung der Hypothesen erfolgt möglichst schnell, iterativ und kostengünstig. Die Kriterien: Im Rahmen von festgelegten Kennzahlen werden in einer möglichst frühen Phase einer Innovationsentwicklung Nutzerrelevanz, technische Machbarkeit und Marktfähigkeit überprüft.

### Metaplanwand

Findet seinen Ursprung bei der Firma Metaplan GmbH, die das gleichnamige Produkt und auch die sog. Metaplan-Methode entwickelt hat. Ist in der Regel eine Pinnwand, welche in Teamkollaborationsprozessen verwendet wird.

## Prototyp

Kommt vom griechischen «protótypon (πρωτότυπον)» mit der Bedeutung »Urbild, Grundform, Original«.

Ist ein Muster oder eine von vielen testbaren Vorversionen einer Lösung. Das Design Thinking Forschungsteam am Hasso-Plattner-Institut in Potsdam hat insgesamt 36 verschiedene Arten von Prototypen identifiziert, die im Design-Thinking-Prozess z.B. die Funktionen »Konzept externalisieren«, »kritische Funktion testen« und »strategische Anschlüsse herstellen« übernehmen können.

## Relaunch

Bezeichnet die Wiedereinführung eines verbesserten Produktes. Im Vordergrund steht die neue Aufbereitung und Überarbeitung eines bestehenden Produktes mit oftmals neuen Funktionen oder in neuem Design.

## Scrum

Kommt aus dem Englischen und kann übersetzt werden mit »Gedränge«. Ursprünglich wurde es im Rugby-Sport verwendet, wo es als »Angeordnetes Gedränge« bezeichnet wird, um das Spiel nach Unterbrechungen neu zu starten.

Im Projektmanagement ist es ein iteratives, empirisches und → inkrementelles Vorgehensmodell, welches mittlerweile nicht mehr ausschließlich in der agilen Softwareentwicklung eingesetzt wird, sondern auch in anderen Bereichen von Organisationen basierend auf den Werten und Prinzipien des sog. agilen Manifestes (Inhalt unter: http://agilemanifesto.org/iso/de/manifesto.html).

### Stakeholder

In der Wirtschaft gebräuchlicher Begriff für Interessenvertreter eines Produktes, Services, Prozesses, Business-Modells oder Themas. Im Design Thinking werden alle Stakeholder einer Design Challenge als Nutzer betrachtet.

### Storytelling

Ist eine Methode, die sich des Erzählens von Geschichten bedient, um explizites und implizites Wissen weiterzugeben. Es gibt verschiedene Ausprägungen des Storytellings, so z. B. das visuelle Storytelling, bei dem die grafische Erzählung im Vordergrund steht.

### Time Timer

Nahm seinen Ursprung in der Firma Time Timer LLC in den USA. War in seinen Anfängen ein Instrument, um Kindern den

Zeitbegriff zu verdeutlichen. Die Firma hat sich heutzutage auf Zeitmanagement mittels verschiedener Geräte spezialisiert. Ein Time Timer ist eine Uhr, auf der die eingestellte Zeit rückwärts läuft. Er dient der Zeiterfassung und dem Zeitmanagement beispielsweise in Besprechungen oder Workshops.

**Whiteboard**

Ist eine in der Regel beschreibbare, abwischbare und oft magnetische Wandtafel.

# Literaturempfehlungen

## Literaturtipps von Annie Kerguenne

David und Tom Kelley, Kreativität & Selbstvertrauen, Verlag Hermann Schmidt, Mainz 2015.

- Stärke: Anschauliche Darstellung der Historie und Fallbeispiele aus erster Hand von den Mitbegründern des heutigen Design Thinking.
- Schwäche: Die deutsche Übersetzung kommt etwas emotional daher – darüber sollte man jedoch hinwegsehen, denn der Inhalt ist qualitativ hochwertig.

Timm Krohn, Christoph Meinel, Ulrich Weinberg (Hrsg.), Design Thinking Live, Murmann Verlag 2015.

- Stärke: Querbeet-Erfahrungen von sehr unterschiedlichen Design Thinkern, so z. B. von der Procter&Gamble-Strategin Claudia Kotchka über den Entertainer Frank Elstner bis hin zur Schuldirektorin Margret Rasfeld. Auf diese Weise kommen sehr vielfältige Perspektiven zu Wort.
- Schwäche: Der Leser muss sich die Quintessenz aus den Inhalten ohne Hilfestellung ziehen und selbst eine Struktur daraus bilden – was in der Natur einer Erfahrungssammlung liegt.

Kevin Bennett, Andrew King, Jeanne Liedtka, Solving Problems with Design Thinking: Ten Stories of What Works, Columbia Business School 2013.

- Stärke: Konkrete Business Cases und abgeleitete Erfolgsprinzipien für die Anwendung im eigenen Kontext. Sehr gut als Beispiele für die Wirkung von Design Thinking anführbar. Die Tools sind so beschrieben, dass die Operationalisierung leichtfällt.
- Schwäche: Die strukturelle Metaebene fehlt. Für die eigene Strategieentwicklung daher »nur« als Inspriation und Impulsgeber geeignet.

Adam Morgan, The Pirate Inside: Building a Challenger Brand Culture Within Yourself and Your Organizations, John Wiley & Sons 2004.

- Stärke: Sehr konkrete Übersetzung des Design Thinking Mindsets in den operativen Marketingbereich – auch wenn das Wort Design Thinking (noch) nirgends vorkommt. Eine treffende Analogie: Das Piratentum, das auf präzisen Regeln basiert, lässt sich gut auf den Unternehmenskontext übertragen.
- Schwäche: Da das Thema des Buches Markenführung ist, bedarf es zur Übertragung auf unternehmerische Veränderungsprozesse der Abstraktionskraft des Lesers.

Jeanne Liedtka, Tim Ogilvie, The Designing for Growth Field Book: A Step-by-Step Project Guide, Columbia Business School 2011.

- Stärke: Das erste Design-Thinking-Buch, das die Methode in Managementtools übersetzt und Ausblick auf das »Wie« eines strukturierten Wandlungsprozesses gibt.
- Schwäche: Der einzige Makel an diesem sehr guten Buch ist die fehlende Visualität. Zu viel Text lässt den Leser leicht die Geduld verlieren – was bei der Substanz schade ist.

## Literaturtipps von Hedi Schaefer

Mihály Csíkszentmihályi, Flow und Kreativität: Wie Sie Ihre Grenzen überwinden und das Unmögliche schaffen, Klett-Cotta 2015.

- Stärke: Umfassendes wissenschaftliches Werk zum Thema Kreativität und den Fragen, wie und wo diese entsteht und wie sie individuell gefördert werden kann.
- Schwäche: Mit über 600 Seiten nicht gerade alltagstauglich, aber zum Glück so gut strukturiert, dass einzelne Kapitel herausgezogen werden können.

Tina Seelig, inGenius: A Crash Course on Creativity, Harper One 2015.

- Stärke: Der Leser proftitiert von der langjährigen Lehererfahrung der Stanford-Professorin und Neurowissenschaftlerin Tina Seelig und erhält einen guten Einblick in die Methoden zum Thema Kreativität und Innovation.
- Schwäche: Bisher leider nur in der englischen Version erhältlich.

Bill Burnett, Dave Evans, Mach, was Du willst: Design Thinking fürs Leben, Econ 2016.

- Stärke: Die Prinzipien des Design Thinking auf das eigene Leben zu übertragen und so zum Lebensdesigner zu werden, ist ein genialer wie sinnvoller Ansatz, der mit praktischen Übungen realisierbar wird.
- Schwäche: Nicht alle Übungen sind im Buch vorhanden. Sie stehen nur über die Webseite http://designingyour.life zum Download zur Verfügung.

General Stanley McChrystal, Team of Teams: New Rules of Engagement for a Complex World, Penguin Publishing Group 2015.

- Stärke: Zusammenfassung echter Lernerfahrungen eines ehemaligen US-Army-Generals, der eine jahrzehntealte Führungsideologie aufbrach, um den neuen Herausforderungen im Kampf gegen al-Qaeda agil und flexibel begegnen zu können.
- Schwäche: Viele detailreiche Anekdoten machen zwar den Kontext verständlicher, verwässern aber zuweilen die Learnings. Es gibt daher mittlerweile eine Zusammenfassung, die den Autoren allerdings noch nicht vorliegt (Summary of Team of Teams: New Rules of Engagement for a Complex World by General Stanley McChrystal).

Scott Doorley, Scott Witthoft, Make Space: How to Set the Stage for Creative Collaboration, Jon Wiley & Sons 2012.

- Stärke: Methoden, Anekdoten, Studien und Templates zum Nachbauen und Erschaffen kreativer Räume.
- Schwäche: Die Anleitungen sind für das Bauen permanenter Räume gedacht; es sind keine einfachen Lösungen für das Ausstatten temporärer Räume enthalten.

## Literaturtipps von Abraham Taherivand

Maria Giudice, Christopher Ireland, Rise of the DEO: Leadership by Design, New Riders 2014.

- Stärke: Sehr inspirierende Darstellung zu Creative Leadership und Leadership by Design mit reellen Führungspersönlichkeiten.
- Schwäche: Wer ein traditionelles Leadership-Buch erwartet, wird wohl eher enttäuscht sein.

Tim Brown, Change by Design: How Design Thinking Transforms Organizations and Inspires Innovation, Harper Collins 2009.

- Stärke: Sehr gute Übersicht und Einführung zum Design Thinking mit Business- und Organisationsbezug.
- Schwäche: Bleibt an einigen Stellen beim Praxisbezug auf einer Metaebene.

Dan Olsen, The Lean Product Playbook: How to Innovate with Minimum Viable Products and Rapid Customer Feedback, Jon Wiley & Sons 2015.

- Stärke: Sehr anschauliche Erläuterung der Lean-Prinzipien in Bezug auf Minimal Viable Products.
- Schwäche: Könnte an einigen Stellen tiefergehende Praxisbeispiele aufweisen.

Jake Knapp, Sprint: How To Solve Big Problems and Test New Ideas in Just Five Days, Simon & Schuster 2016.

- Stärke: Schritt-für-Schritt-Anleitung für Design Sprints aus dem Fundus von Google Ventures, die wirklich funktionieren.
- Schwäche: Der Fokus liegt auf der Design-Sprint-Methodik. Methoden-Adaptionen werden nicht näher erläutert.

# Stichwortverzeichnis

# Impressum

**Bibliografische Information der Deutschen Nationalbibliothek**
Die Deutsche Nationalbibliothek verzeichnet diese Publikation in der Deutschen Nationalbibliografie; detaillierte bibliografische Daten sind im Internet über http://www.dnb.dnb.de abrufbar.

**Print:** ISBN: 978-3-648-16040-4 Bestell-Nr.: 10743-0002
**ePub:** ISBN: 978-3-648-16041-1 Bestell-Nr.: 10743-0101
**ePDF:** ISBN: 978-3-648-16042-8 Bestell-Nr.: 10743-0151

Annie Kerguenne, Hedi Schaefer, Abraham Taherivand
**Design Thinking – Die agile Innovations-Strategie**
2. Auflage 2022


www.haufe.de
info@haufe.de
Redaktion: Jürgen Fischer
Bildnachweis (Cover): Simone Kienle

# Die Autoren

## Annie Kerguenne

Die Psycholinguistin und Strategie-Planerin ist Director of Transformation Strategy und Design Thinking Master Coach am Hasso-Plattner-Institut in Potsdam. Ihre Tätigkeitsschwerpunkte liegen in den Bereichen Design Thinking Implementierungs-Strategien und Leadership-Workshops. Sie ist Co-Autorin von »Design Thinking Live« (2015), »Design Thinking in der Bildung« (2021) und Forscherin (PI) im Hasso Plattner Design Thinking Research Programm. Mit der CREATIVE LEADERSHIP CANTEEN unterstützt sie Startups und etablierte Organisationen bei der Entwicklung ihrer Innovationskultur. Mehr zur Autorin unter www.linkedin.com/in/annie-kerguenne-6284005b.

## Hedi Schaefer

Die Transformation- und Innovationstrainerin gehört zur ersten Design-Thinking-Coaching-Generation in Deutschland. Nachdem sie über 10 Jahre hierarchie- und branchenübergreifend weltweit für Unternehmen sowie als Dozentin tätig war sowie ihrer eigenen tiefgründigen Transformation nach ihrer Mutterschaft empowert Hedi Schaefer heute Menschen, die das 21. Jahrhundert von innen nach außen positiv verändern und gestalten wollen. Neben Themen rund um Innovation und angewandter Kreativität ist sie Expertin für Mindset und Purpose-Creation und tritt als Speakerin auf. Sie ist Gründerin von Hedi's Change Maker Academy.

Mehr zu Hedi Schaefer unter www.hedischaefer.com

## Abraham Taherivand

Der Wirtschaftsinformatiker wendet seit mehr als 20 Jahren Agile, Lean sowie verschiedenste Innovations-Methodiken in unterschiedlichsten Unternehmenskontexten an. Er gehört zur ersten Design-Thinking-Coaching-Generation, ausgebildet an der d-School am Hasso-Plattner-Institut Potsdam. Er ist Mitgründer des Non-Profit-Projektes CREATIVE LEADERSHIP CANTEEN, erfolgreicher Serial-Entrepreneur im Tech-, Internet- und Consumer-Bereich und war von 2012 bis Mai 2021 bei Wikimedia Deutschland e.V. in Berlin tätig und hat dort die freie Wissensdatenbank Wikidata mitgegründet und die Organisation als Geschäftsführender Vorstand von Dezember 20216 bis Mai 2021 geleitet. Seit November 2021 ist er als Geschäftsführer des Medienhauses Table Media GmbH in Berlin tätig.

# Danksagung

Wir bedanken uns bei unseren Kritikern, Unterstützern, Kollegen und vor allem bei allen Design-Thinking-Pionieren, die das Neue in ihren Organisationen und Unternehmen wagen:

Marcus Abbott, Silke Abdaneh, Pascal Ackerschott, Ivana Agnolin, Hajo Allgaier, Thomas Öivind Andresen, Andrea Arrieta, Florian Avdic, Heike Balluneit, Simon Barna, Frank Barz, Andre Bertelsmeier, Udit Bisht, Per Blaich, Flavia Bleuel, Jaime Bonilla, Nicola Borgo, Thomas Both, Andreas Brandt, Anita Buchli, Felipe Burratini, Christin Buss, Ina Bühren, Carol Campbell, Daniela Chavarría-Aguilar, Werner Clas, Andrea Clauer, Miquel Cabassa, Julia Collingro, Cordula Conti, Kathleen Creed, Jennifer Dautermann, Julie Deschamps, Frank Dittrich, Kristijan Djurkin, Sven Dorsten, Fabricio Do Canto, Krithika Do Canto, Elena Duerl, Kristina Duwe, Jakob Eberherr, Remi Edart, Ulla Egelhof, Fleur Engelberts, Grit Enkelmann, Nina Fischer, Claudia Folkerts, Birgit Freudenberg, Mike Galicija, Marin Garrigues, Julian Gebhardt, Daniela Gehring, Moritz Gekeler, Ina Glaes, Philipp Göltenboth, Markus Göltenboth, Anke Göltenboth, Sabine Gourmain, AnneClaire Goyet, Ricardo Grzeca, Katrina Günther, Puneet Gupta, Stefanie Gutknecht, Michael Haag, Katarzyna Halwa, Kristina Häusler, Anja Harnisch, Dörte Hartmann-Kerl, Reimar Hartmann, Michael Haßlbeck, Mario Heber, Philipp Heine, Kay Henkel, Hanna Hesse, Christina Hinteregger, Gerald Hinteregger, Christian Höcke, Viola Hoffmann, Clair Holt, Carsten Horn, Julia Jantschgi, Marcel Jahn, Damien Jourdan, Sebastian Karger, Philip Kastel, Samuel Kahn, Julian Keck, George Kembel, Michael Kempf, Katharina Kensy, Simon Kerbusk, Julia Kerstan, Ina Killmann, Marion King, Cornelia Kirschke, Heinrich Klopp, Markus Klems, Jürgen Knaus, Gudrun Kneissl, Claudia Koch, Jan Koch, Simone Kolb, Sebastian Kulka, Kira Krämer, Susanne Krimmel, Timm Krohn, Lenz Kröck, Markus Kroner, Franziska Krueger, Anna Kuhn, Maylis Lambertz, Barbara Lamprecht, Michael Langsteiner, Ale Lecuna, Julia Leihener, Martin Leupold, Thomas Linnemann, Christina Loewen, Elia Luttenberg, Michael Maag, Edda Mann, Marie-Hélène Massanes, Stefanie Mauer, Nicole Meckel, Christoph Meinel, Axel Menning, Johannes Meyer, Volker Max Meyer, Sabrina Meyfeld, Daniela Michael, Steffen Mock, Nurith Mörsberger, Frank Montag, Christin Müller, Niels Müller, Patrick Müller, Stefan Mueller, Manuel Muentjes, Ferran Jover Mulero, Gilad Ben-Nachum, Stephan Nass, Christian Neumann, Steven Ney, Petra Neye, Claudia Nicolai, Petra Nitschke, Julia Oberhofer, Katherine Ossenkopp, Giovanni Palazzo, Laura Pearson, Stefan Pellech, Matthias Pelzer, Kaija Peters, Frederik Pfisterer, Txema Garitano Plagaro, Todd Pope, Hannelore Pottag, Kai Prillwitz, Johannes Puschmann, Martina Rabe, Ralf Rausch, Mauro Rego, Andrea Rehberg, Stephanie Reimann, Erik Reuther, Holger Rhinow, Cristina Riesen, Fabian Rohland, Miguel Rotenberg, Annabel Roux, Joschka Rugo, Henning Rünz, Valerie Salone, Fabio Sanfilippo, Karolin Schacht, Armgard Schaefer, Georg-Friedrich Schaefer, Pauline Schaefer, Schorse Schaefer, Roland Scharrer, Birga Schlottmann, Gabrielle Schmid, Rene Schmidpeter, Lennart Schneider, Tobias Schönmüller, Jan Schmiedgen, Libor Sedivak, Benjamin Seefisch, Heiko Seegatz, Andrea Scheer,

Uta Seidel-Audier, Susann Skalda, Jan Sobota, Iven Sohmann, Maria Stabrawa, Olaf Stange, Christina Stansell, Rupali Steinmeyer, Stefan Strecker, Michael Strauß, Markus Sturm, Susanne Schluckebier, Jenni Schön, Nadin Schmolke, Maria Soni, Isabel Spicker, Florian Such, Christian Tarragona, Leonhard Tietze,Thanh Vu Tran, Dietrich Thier, Katja Thoring, Manuel Toledo, Teodora Vasilescu, Annemarie von der Decken, Torsten Vorfelder, Martina Uster, Kristin Wagler, Philipp Wagner, Konrad Weber, Dirk Weimann, Jasmin Weimer, Uli Weinberg, Anne Weingarten, Heike Werkmeister, Stefan Wünschmann, Mariko Yudintseva, Frank Zweissig, Carina Ziegeler, Stephan Zeh, Thomas Zimmermann, Elena Zloteanu

## Weitere Literatur

»Design Thinkit – Das Toolkit für die Konzeption und Moderation eigener Design-Thinking-Workshops« von Pascal Ackerschott, Katharina Böhnke, Hannah Robold, 100 Seiten, 89,00 Euro. ISBN 978-3-7910-5194-9, Bestell-Nr. 10577

»Crashkurs Selbstorganisation in agilen Teams – Lösungen für eine wertschätzende Zusammenarbeit«, von Andreas Eilers, 219 Seiten, 29,95 Euro. ISBN 978-3-648-15150-1, Bestell-Nr. 10665

»Agiles Projektmanagement – Agilität und Scrum im klassischen Projektumfeld«, von Jörg Preußig, 270 Seiten, 29,95 Euro. ISBN 978-3-648-13776-5, Bestell-Nr. 10248

»Digitale Innovationen entwickeln – Die besten Ansätze und Methoden«, von Martin P. Allmendinger, Malte Horstmann, Olaf Horstmann, 128 Seiten, 9,95 Euro. ISBN 978-3-648-14190-8, Bestell-Nr. 10549